酒店業
督導技能

● 易學易用　一本適合華人酒店業督導技能培訓的教材
● 觀點新穎　一本吸收國際酒店業督導培訓所長的讀本
● 內容實用　一本廣羅酒店督導培訓師實戰經驗的手冊

姜玲◎編著

崧燁文化

目錄

前言

　　不覺中，從事「酒店業督導技能」培訓已經10年了。當初，培訓時用的是美國原版英文教材，學員感到非常吃力。編寫一本適合中國酒店業的督導技能培訓教材，既是廣大學員的強烈要求，也是我自己作為一名培訓師多年的心願。

　　《酒店業督導技能》，從初稿到定稿用了五年時間，現在，終於完成了！

　　《酒店業督導技能》，取國際酒店業督導技能培訓教材之所長，集酒店業經理管理之實踐經驗，適用於指導高星級酒店部門經理及主管之日常工作。學習運用酒店業督導技能，會使您的工作更加優秀更加出色！

　　本培訓教材具有以下特點：

◆ 文字簡潔，容易閱讀

◆ 配有圖片，對內容進行補充説明

◆ 每章開頭與結尾有「測試」，用以檢驗酒店經理各項基本督導技能的水準

◆ 用表格形式行文，一目瞭然説明問題

◆ 案例真實，來自酒店經理的日常工作

◆ 重要技能配有練習，學以致用鞏固所學知識

◆ 觀點新，反映酒店管理的最新技能要求

◆ 實用性強，對酒店經理的日常工作有指導意義

◆ 具有參考價值，可作為酒店經理工作參考書經常對照檢查學習

相信本書對您的工作一定有幫助，希望本書成為您忠實的朋友，為您的職業發展與職業生涯做出應有的貢獻。

感謝學員要求編寫本培訓教材。感謝中國國內外朋友寄來最新的參考資料，並提供案例與圖片。衷心地感謝我最親愛的朋友們，謝謝！

謹以此書獻給我的父母——姜世坤和張桂貞，女兒愛你們，期待著慶祝你們的鑽石婚！

姜玲

管理理論篇

中國飯店業高級職業經理人培訓之中……

（新博亞酒店培訓提供）

第一章 經理——管理者的起跑線

本章概要

對自身的職責

關於經理職責的練習

督導技能

管理原則

管理技能

關於酒店管理技能的練習

督導技能達標測試

遊戲：管理功能的應用

培訓目的

學習本章「經理——管理者的起跑線」之後，您將能夠：

☆瞭解管理層次，確定督導的位置

☆瞭解計劃、組織、人員配置、領導、控制與協調等管理功能

☆瞭解督導技能所包含的內容

☆瞭解督導對上司、賓客、同事、員工及自己的職責

☆瞭解管理技能的構成

☆瞭解管理的原則

「我是經理了！」

「我是經理了！」

這是新博亞酒店西餐廳新任經理羅杰在電話裡對女朋友說的第一句話。從電話裡他能聽出來，女朋友小麗也有點激動。她知道當經理是羅杰多年的願望，在五星級酒店的西餐廳工作了五年，從實習生到優秀服務員，從領班到主管，現在是經理了，不容易呀！

「祝賀你，親愛的！晚上我們出去慶祝一下！」

「不行啊，小麗，有兩位員工突然辭職，晚上我還要代班！」

「當了經理還要加班呀？」小麗那邊有點不理解了。

「可不是，有份報告還沒交，我是新經理，要學的東西還很多呢。」

「那好吧，等哪天你休息再說吧，再見！」

「再見，親愛的！」

……

還記得您自己剛當上經理時的心情嗎？

興奮，激動，過去辛勤的努力終於有了回報；不安，擔憂，對未來充滿了希望與未知。主管、同事、員工能接受我嗎？我該從哪兒開始呢？

從一名技能骨幹到管理崗位——經理，您踏上了管理者的起跑線。作為一名管理者，您要學習基本的管理及督導技能。讓我們與西餐廳新任經理羅杰一起，從本章開始學習《酒店業督導技能》吧。

督導技能水準測試

下面關於督導技能測試的問題，用於測試您的督導技能水準。選擇「知道」為1分，選擇「不知道」為0分。得分高，說明您對督導技能理解深刻，有可能在工作中加以運用；得分低，說明您有學習潛力，學到新知識，將來在工作中加以運用。

知道	不知道	測試問題
☐	☐	1. 我知道酒店有三個管理層次
☐	☐	2. 我知道經理的職責有哪些
☐	☐	3. 我知道經理對管理層的職責是什麼
☐	☐	4. 我知道經理對督導層的職責是什麼
☐	☐	5. 我知道經理對員工的職責是什麼
☐	☐	6. 我知道經理對賓客的職責是什麼
☐	☐	7. 我知道經理對自身的職責有哪些
☐	☐	8. 我知道優先履行哪項最重要的職責
☐	☐	9. 我知道經理應該掌握哪三大技能
☐	☐	10. 我知道酒店的管理原則是什麼
☐	☐	11. 我知道科學管理理論在酒店業的應用情況
☐	☐	12. 我知道以人為本管理的精華是什麼
☐	☐	13. 我知道管理的六大功能是什麼
☐	☐	14. 我知道如何在酒店管理中應用計畫功能
☐	☐	15. 我知道如何在酒店管理中應用組織功能
☐	☐	16. 我知道如何在酒店管理中應用人員配置功能
☐	☐	17. 我知道如何運用管理的六大功能
☐	☐	18. 我知道當上經理只是站在了管理者的起跑線上
☐	☐	19. 我知道督導技能包含哪些內容
☐	☐	20. 我知道如何提高自己的督導技能

合計得分：

管理理論

管理理論，是對管理實踐的總結，反過來對實際工作又有指導意義。酒店經理，要瞭解基本的管理理論。從管理理論的發展來看，隨著生產力的發展，人們開始重視機器設備對生產力發展的作用。生產力的進一步發展，使人們認識到現代設備要靠人來操作完成，於是，管理理論發展到研究以人為中心的階段。圖1-1列出了以機器設備為研究中心的科學管理理論，以員工為研究中心的人際關係理論和參與式管理理論，以及既考慮設施設備也考慮人的因素的以人為本的管理理論的關係。

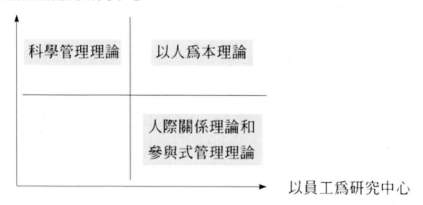

圖1-1 以機器設備和員工為研究中心的管理理論的關係

酒店業的管理，離不開管理理論的指導。表1-1 列出了各種管理理論的主要內容及其在酒店管理中的應用情況。

表1-1 各種管理理論的主要內容及其在酒店管理中的應用

管理理論	主要內容	在酒店管理中的應用
科學管理理論	◆ 出現於20世紀初 ◆ 專家設計，使工作程序標準化 ◆ 員工服務於設備的產出量	◆ 標準菜單 ◆ 標準化的問候、接聽電話 ◆ 前廳、客房標準化工作流程
人際關係理論	◆ 出現於20世紀三四十年代 ◆ 強調員工的重要性和個性 ◆ 提出快樂工作理念	◆ 了解員工的需求 ◆ 為員工提供愉悅的工作環境 ◆ 激發員工的歸宿感
參與式管理理論	◆ 出現於20世紀六七十年代 ◆ 員工參加與之有關的決策討論 ◆ 讓員工了解管理層的目標	◆ 與員工一起討論工作 ◆ 鼓勵團隊精神 ◆ 增進員工的責任感
以人為本管理理論	◆ 以上三種方式的有機結合 ◆ 適合酒店業	◆ 有工作標準 ◆ 考慮員工需求 ◆ 允許員工參與

表1-2 關於管理理論的練習

1. 「Good morning, Sinporo Hotel, this is Jenny speaking. May I help you? 早安，新博亞大酒店，我是珍妮。有什麼需要幫忙的地方嗎？」這是酒店的標準電話用語。

這種做法是哪種管理理論應用？

◆ _____

◆ _____

2. 客務部資深員工阿力在酒店工作了9年，曾經兩次被評為酒店和部門優秀員工。在他不幸出車禍後的第二天，人力資源部組織了一個「獻愛心活動」，發動酒店員工為阿力捐助50元。酒店員工積極響應，阿力及其家人也深受感動。

這種做法是哪種管理理論應用？

◆ _____

◆ _____

3. 酒店組織了「總經理對話日」活動，每個月的最後一天，由總經理值班，凡是酒店員工及其家屬都可以不經預約直接與總經理對話。這項活動得到了廣大酒店員工的歡迎，第一個對話日就有12名員工直接與總經理交換了意見。員工所提出的絕大部分問題現場得到了解決。員工歡迎「總經理對話日」。

這種做法是哪種管理理論應用？

◆ _____

◆ _____

管理層次

從酒店現有組織機構圖，可以看出酒店的管理層次。目前，酒店用得最多的是寶塔式的組織結構形式。

寶塔式的組織機構

寶塔式的組織機構表現為一個正三角形，上面小下面大。圖1-2表現了大型酒店組織機構圖示及管理層次。酒店總經理與總監構成酒店的決策層，即管理層；部門經理、經理、主管及領班直接與賓客和員工打交道，是酒店的中間管理層，也叫督導層；酒店的員工直接生產產品，提供服務，也稱為一線員工。

一線員工

一線員工，包括酒店客房服務員、櫃臺接待員、行李生、廚師、公衛清潔員、洗衣員、保安員等。他們可以讓賓客乘興而來，滿意而歸；也可以直接把賓客趕跑，再不回頭。他們在某種意義上決定著酒店運營的成功與失敗。一線員工的工作好壞直接取決於督導層的管理水準。一線員工，在督導層管理下工作。

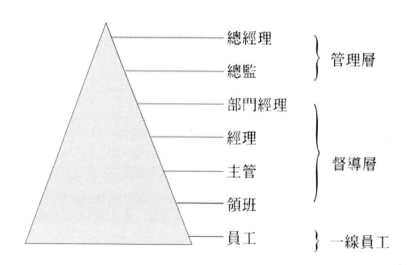

圖1-2 大型酒店的管理層次

督導層

督導層,包括酒店部門經理、經理、主管和領班,是對提供酒店產品生產與服務的一線員工進行管理的人。他們要對一線員工提供的產品與服務的品質負責,要對員工的工作負責。督導層人員的工作優秀與否,要看員工工作的質量;而員工工作的質量,又取決於督導層人員的督導和管理技能水準。督導層,擁有初級和中間級的權力和職責。

管理層

管理層,包括酒店總經理和總監,他們負責酒店的日常經營決策,對督導層進行管理,擁有最高級別的權力和職責。

權力與職責

這裡的權力,是指為完成工作做出決策和發出行動指令的權威和能力。職責,是指一個人必須履行某些特定責任與行為的義務。在寶塔式的組織結構中,權力和職責由上至下層層遞減,從管理層到督導層,及至一線員工。督導層的權力和職責跨度比較大,從代表最低權力級別和職責的領班,到較高級別的部門經理,可以說,督導層代表了酒店最廣大的基層權力和職責。一線員工則在督導層直接管理下工作。

關於管理層次的練習

表1-3列出了關於管理層、督導層與一線員工的崗位名稱練習。表1-4列出了關於每個崗位的權力與職責練習。

表1-3 關於崗位名稱練習

根據您所在酒店的組織機構圖，列出您所在酒店的管理層、督導層以及一線員工的主要崗位名稱。	
管理層	◆ _____ ◆ _____
督導層	◆ _____ ◆ _____
一線員工	◆ _____ ◆ _____

表1-4 關於各崗位的權力與職責練習

寫出圖片中各酒店員工的工作崗位、管理層次、權力職責，第一張圖給出了案例。

—— 新博亞酒店培訓提供

職位： 廚師 管理層次： 一線員工 職責： 製作美味佳餚 　　　　 清潔廚房	職位： _____ 管理層次： _____ 職責： _____	職位： _____ 管理層次： _____ 職責： _____
職位： _____ 管理層次： _____ 職責： _____	職位： _____ 管理層次： _____ 職責： _____	職位： _____ 管理層次： _____ 職責： _____

管理功能

酒店管理功能的基本責任，始於酒店管理層、結束於督導層。作為督導層的一員，經理要與管理層一道實施管理功能。表1-5 列出了管理的主要功能及其説明。

表1-5 管理功能及其説明

管理功能	説　明
計劃	◆ 根據酒店的目標為部門制定工作目標 ◆ 選擇最佳工作方案
組織	◆ 考慮完成計劃的資金、人員、設施設備及方法的使用 ◆ 以最高效率實現計劃目標
人員配置	◆ 決定人員需求，負責招聘、面試、聘用 ◆ 入職培訓與在職培訓以及員工配置和排班
領導	◆ 影響並指導員工完成計劃工作任務 ◆ 帶領員工完成酒店、部門的工作目標
控制與評估	◆ 按計劃控制和評估工作效果 ◆ 適時進行調整
協調	◆ 對個人、工作團隊、部門之間的工作進行協商及評估

在酒店管理過程中，計劃、組織、人員配置、領導、控制與評估、協調等管理功能是分不開的，往往相互交叉，同時起作用。經理在工作中，可能同時實施幾項管理功能。

表1-6 關於管理功能的練習

西餐廳經理羅杰接到一個500人宴會的訂單，但西餐廳只能容納400人，宴會廳無法安排。與餐飲總監以及宴會主辦人商量後，羅杰決定把宴會改成沙灘燒烤晚會，在酒店前面的沙灘上進行。

1.西餐廳經理在沙灘燒烤晚會上運用計劃功能：

◆ 確定菜單

◆ 確定所需設施設備

◆ 確定所需人員

◆ _____

◆ _____

2.西餐廳經理在沙灘燒烤晚會上運用組織功能：
- ◆ 向兄弟酒店借用不足的餐桌
- ◆ 向中餐廳和宴會廳借用餐具
- ◆ 到旅遊學校請學生幫忙做服務員
- ◆ _____
- ◆ _____

3.西餐廳經理在沙灘燒烤晚會上運用人員配置功能：
- ◆ 面試前來幫忙的旅遊學校的學生
- ◆ 安排資深員工對這些學生進行適當的培訓
- ◆ 調整員工班次，盡量使所有員工在燒烤晚會那天當班
- ◆ _____
- ◆ _____

4.西餐廳經理在沙灘燒烤晚會上運用領導功能：
- ◆ 在宴會之中，經理激勵員工滿足並超過賓客的期望
- ◆ 及時表揚新老員工的出色工作
- ◆ 解決在宴會中出現的問題
- ◆ _____
- ◆ _____

5.西餐廳經理在沙灘燒烤晚會上運用控制與評估功能：
- ◆ 監控菜餚質量和上菜速度
- ◆ 監控服務員的服務品質
- ◆ 觀察賓客對菜餚及服務的反應
- ◆ _____
- ◆ _____

6.西餐廳經理在沙灘燒烤晚會運用協調功能：
- ◆ 在宴會開始前與其他部門協調借用餐桌及餐具
- ◆ 在宴會開始前與旅遊學校協商借用學生事宜
- ◆ 在宴會開始後與廚房員工協調出菜速度等
- ◆ _____
- ◆ _____

經理職責

處於督導層的部門經理、經理、主管，以及擁有最低權限的管理者——領班，因為擁有管理權力和職責而成為管理者，也稱為督導（Supervisor）或經理。在本書中我們統稱為經理。

經理的作用

從圖1-3中可以看出，經理在酒店裡起著承上啟下、連接左右的作用。經理如同一根紐帶把管理層和員工、賓客和督導層連接到了一起。

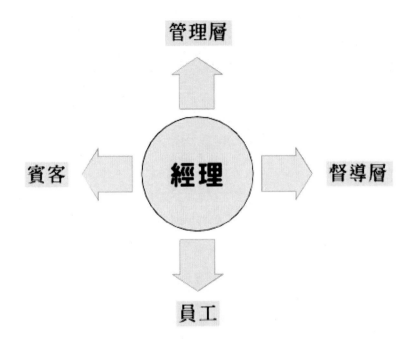

圖1-3 經理的位置與作用

對員工來說，經理代表著管理層，有權下指令、決定獎罰、安排休假、晉升和加薪。對管理層來說，經理代表著員工，代表生產力、成本、收入和對客服務，代表員工的聲音。對賓客來說，經理和員工代表著酒店，代表酒店的產品和服務品質，決定是否能滿足和超過賓客的期望值，讓賓客成為回頭客。對督導層來說，經理代表著部門，代表著團隊是否有協作精神。

經理的職責

督導層經理，承上啟下、連接左右的位置和作用，決定了經理對——

◆ 管理層

◆ 屬下員工

◆ 賓客

◆ 督導層

負有職責和義務，經理對自己本身的成長和進步也負有職責和義務。

對管理層的職責

管理層的範圍

酒店管理層不僅指酒店的總經理和總監，還包括管理層的上級，如：

◆ 業主

◆ 酒店管理集團

◆ 上司的上司

對管理層的職責

經理在管理層指導下工作，對管理層負有職責。表1-7列出了經理對管理層履行的職責及其說明。

表1-7 經理對管理層履行的職責及其說明

對管理層履行的職責	說　明
完成各項工作任務	◆ 按時、按質、按量地完成各項日常工作任務
在預算內經營	◆ 包括收入、利潤指標以及費用指標的執行
執行酒店的各項規定	◆ 即使經理對規定有不同看法，也要帶領員工執行
保持良好的經營業績	◆ 經營業績是檢驗經理工作能力的一項重要指標
按時提交各種報告和報表	◆ 尤其是集團管理和特許經營酒店更要及時提交
維護並尊重上司	◆ 每位上司都會有這樣那樣的缺點，經理要維護並尊重自己的上司，尤其是在員工面前
您認為經理對管理層還應該履行那些職責?請舉例說明。	◆ ＿＿＿＿＿＿＿＿＿＿＿＿＿＿＿＿＿＿＿＿＿＿＿＿＿＿＿＿＿＿ ◆ ＿＿＿＿＿＿＿＿＿＿＿＿＿＿＿＿＿＿＿＿＿＿＿＿＿＿＿＿＿＿

對管理層履行職責的做法

經理在履行對管理層職責時的態度非常重要。表1-8列出了經理在履行對管理層職責時的推薦做法及其說明。

表1-8 經理在履行對管理層職責時的推薦做法及其說明

推薦做法	說　明
愉快接受任務	◆ 您喜歡員工用什麼樣的態度接受工作任務 ◆ 用您所喜歡的員工接受工作的態度接受上司給您的工作任務
合作的態度	◆ 牽涉其他部門或單位時，要有合作的態度 ◆ 合作態度對事業的成功以及履行對上司的職責至關重要
提出問題時要有解決方案	◆ 不僅提出問題，還要提出1~2個解決問題的方案供上司選擇 ◆ 即使上司不採用，也會認為您是一個主動之人
您認為在履行對管理層職責時還有哪些做法?請舉例說明。	◆ ＿＿＿＿＿＿＿＿＿＿＿＿＿＿＿＿＿＿＿＿＿＿＿＿＿＿＿＿＿ ◆ ＿＿＿＿＿＿＿＿＿＿＿＿＿＿＿＿＿＿＿＿＿＿＿＿＿＿＿＿＿

與管理層打交道的原則

經理在履行對管理層職責時，更多的是與自己的直屬上司打交道。表1-9列出了

經理與上司打交道時要遵守的原則及其說明。

表1-9 經理與上司打交道時要遵守的原則及其說明

與上司打交道的原則	說　　明
忠誠	◆ 忠誠與能力哪個更重要 ◆ 永遠不要在背後指責上司 ◆ 永遠支持上司，尤其在員工面前
謙遜	◆ 要有自知之明 ◆ 不要總覺得自己比上司強
誠實	◆ 匯報成績 ◆ 承擔錯誤 ◆ 實事求是
尊重	◆ 尊重上司，視其為領導和老師，學習其長處
換位思考	◆ 站在上司的立場考慮問題 ◆ 理解並支持上司
向上司求助	◆ 經常向上司匯報工作 ◆ 有問題首先想到向上司求助
您認為與上司打交道還有哪些有效的方法?請舉例說明。 ◆ _____ ◆ _____	

表1-10 關於對管理層職責的練習

> 　　宴會部經理李斌接到了總經理辦公會通知，承接今年政府舉辦的國慶招待會。2000人是宴會廳的最大容量，宴會服務員人手不足，即使從各餐廳抽調也有很大缺口，餐具不夠用，廚房人手和空間都很緊張。李斌擬訂了一個詳細計劃，準備在本周三與餐飲總監討論。
>
> 　　1. 宴會部經理可能會做一個什麼樣的詳細計劃?
>
> 　　◆ _____
> 　　◆ _____
>
> 　　2. 宴會部經理會如何與餐飲總監討論這些計劃?
>
> 　　◆ _____
> 　　◆ _____

續表

3. 宴會部經理會如何解決宴會服務員人手不足問題?
   ◆ _____
   ◆ _____

4. 宴會部經理會如何解決餐具等設施不足問題?
   ◆ _____
   ◆ _____

5. 宴會部經理會如何解決宴會廳與廚房空間不足問題?
   ◆ _____
   ◆ _____

6. 宴會部經理會如何考慮服務品質問題?
   ◆ _____
   ◆ _____

對員工的職責

經理對屬下員工負有職責與義務。員工看重經理對待他們的態度與方式,因此,經理要用希望別人對待自己的態度與方式對待員工,成為員工眼中的好經理。表1-11列出了經理對員工的職責及其說明。

酒店業有這樣一種說法:「只要經理照管好員工,員工就會照管好賓客,而利潤就不用操心了。」經理首先要關心的就是員工。員工會用經理對待他們的態度與方式對待賓客。優質服務會使賓客成為回頭客,會使酒店的利潤與收入增加。

表1-11 經理對員工的職責及其說明

經理對員工的職責	說 明
提供良好的工作環境	◆ 一個有利於提高員工勞動生產力的環境
在管理層面前表達員工心聲	◆ 勇於在上司及管理層面前表達員工的心聲
涉及員工利益時要公平、公正	◆ 根據酒店規定公平、公正地對待員工
表揚、讚賞和鼓勵員工	◆ 多表揚、讚賞和鼓勵員工
培訓員工並提供職業發展機會	◆ 培訓員工勝任其工作 ◆ 爲員工的職業發展提供機會

您認爲經理還應對員工負有哪些職責?請舉例說明。

◆ _____

◆ _____

表1-12 關於履行對員工職責的練習

夜裡10點,沙灘晚會的收尾工作即將結束。西餐廳員工文森特吃力地拉著裝有桌椅的工作車回宴會廳。突然他覺得車子輕了很多,腳步也不由得加快了,回頭一看,原來是餐飲總監李歐先生在幫他推車呢。

「李先生這麼晚了還沒休息呀?」文森特向李先生問候道。

「你們不也都在工作嗎,辛苦了文森特!」

第二天早上7點,文森特在咖啡廳見李歐先生陪一位貴賓進來,急忙上前迎候:「早上好,先生們!」

餐飲部總監李先生笑著對貴賓說:「您能看出我們的帥哥昨晚10點還在做宴會收尾工作嗎?您看他多精神呀!好了,由這位帥哥來照顧您用早餐吧。」

文森特覺得心裡甜滋滋的,「在這樣的領導手下工作,我好幸運啲,再累也不覺得累了。」

參考上面案例,列出您所了解的酒店經理履行對員工職責的案例。

◆ _____

◆ _____

◆ _____

對督導層的職責

從一名普通員工成長為一名酒店業經理,我們曾得到過他人的幫助。經理要對督導層負責,正如他要求員工對自己負責一樣。表1-13列出了酒店經理對督導層的職責及其說明。

表1-13 酒店經理對督導層的職責及其說明

對督導層的職責	說　　明
幫助	◆ 將經驗教訓傳授給自己的下屬，做好了本部門的工作就是對督導層盡到了職責 ◆ 像從督導層那裡得到幫助那樣幫助他人
協調	◆ 協調與其他部門的關係 ◆ 協調與其他經理的關係

您認為酒店經理還應對督導層負有哪些職責?請舉例說明。

◆ _____

◆ _____

◆ _____

表1-14 關於履行對督導層職責的練習

前台經理王建面試了兩位應聘者。對其中一位非常滿意，他請人力資源部幫忙辦理了相關聘用手續。另一位應聘者素質不錯，外語水平弱了一點，但喜歡做餐飲。於是，王建把他推薦給了西餐廳經理羅杰。

參考上面案例，完成下面對督導層履行職責的練習。

◆ _____

◆ _____

◆ _____

對賓客的職責

對酒店業來說，賓客是最重要的。賓客能讓酒店贏利也能讓酒店關門。優質對客服務是讓賓客成為回頭客，讓回頭客成為常客的唯一方法。表1-15列出了酒店經理對賓客的職責及其說明。

表1-15 酒店經理對賓客的職責及其說明

對賓客的職責	說　　明
爲賓客提供優質的產品	◆ 客房與菜餚是酒店最基本的產品，要讓客人滿意
爲賓客提供優質的服務	◆ 滿足並設法超過賓客的期望值，給賓客一個深刻的好印象
爲賓客提供安全舒適的設施	◆ 及時的更新改造，保證設施設備的安全和舒適度
您認爲酒店經理還對賓客負有哪些職責?請舉例說明。 ◆ ＿＿＿＿＿＿＿＿＿＿＿＿＿＿＿＿＿＿＿＿＿＿＿＿＿＿ ◆ ＿＿＿＿＿＿＿＿＿＿＿＿＿＿＿＿＿＿＿＿＿＿＿＿＿＿ ◆ ＿＿＿＿＿＿＿＿＿＿＿＿＿＿＿＿＿＿＿＿＿＿＿＿＿＿	

表1-16 關於履行對賓客職責的練習

南京金陵飯店會議廳的「酒店管理培訓課程」已經進行了3天，由美國普渡大學酒店管理學院院長主講。

翻譯珍妮小姐剛拿起話筒就輕咳了幾聲，連忙說：「對不起。」她有點感冒了。

上午休息時，會議廳服務員凱蒂給珍妮端來一大杯薑煮可樂，她輕聲氣地說：「趁熱喝了吧，對止咳和嗓子很有效的。」珍妮小姐喝了一口，又甜又辣，她笑了：「謝謝您想得這麼周到。」

喝在嘴裡暖在心上，這就是優質服務啊。

參考上面案例，完成下面對賓客履行職責的練習。

◆ ＿＿＿＿＿＿＿＿＿＿＿＿＿＿＿＿＿＿＿＿＿＿＿＿＿＿

◆ ＿＿＿＿＿＿＿＿＿＿＿＿＿＿＿＿＿＿＿＿＿＿＿＿＿＿

◆ ＿＿＿＿＿＿＿＿＿＿＿＿＿＿＿＿＿＿＿＿＿＿＿＿＿＿

對自身的職責

酒店經理除了對管理層、員工、賓客、督導層負有職責外，對自身也負有職責。表1-17列出了經理對自身的職責及其說明。

表1-17 經理對自身的職責及其說明

對自身的職責	說　明
禮儀禮貌	◆ 禮貌待人是行業之道 ◆ 說：「您好！」「謝謝！」「請！」
儀容儀表	◆ 良好的儀容儀表代表酒店的形象 ◆ 讓自己自信並進入工作狀態 ◆ 爲員工樹立注重儀容儀表的榜樣
職業道德	◆ 正確地做事與做正確的事
職業發展	◆ 制定一個可實現的目標，並努力去實現
平衡工作與生活	◆ 工作的快樂，生活的幸福

您認爲經理還應對自身負有哪些職責？請舉例說明。

◆ _____

◆ _____

◆ _____

表1-18 關於履行經理對自身職責的練習

　　西餐廳經理羅杰剛剛通過了「酒店管理專業」大專文憑的結業考試。3年的時間，他花費了很多心血但也有很大的收穫。現在，羅杰在思考再上2年，解決「專升本」的問題。但是學什麼專業呢？繼續學酒店管理會簡單一些，於是，他徵求人力資源部經理的意見。

　　最後，根據自己的實際狀況，羅杰決定學英語專業。英語本科呀，難度比較大，有挑戰性。但從職業發展來看，值得拼一下，他決定了一就學英語本科專業！

　　參考上面案例，完成下面經理履行對自身職責的練習。

◆ _____

◆ _____

◆ _____

關於經理職責的練習

表1-19 分別列出經理對管理層、員工、賓客、督導層以及自身的主要職責

對管理層的職責	◆ _____ ◆ _____
對員工的職責	◆ _____ ◆ _____
對賓客的職責	◆ _____ ◆ _____
對督導層的職責	◆ _____ ◆ _____
對自身的職責	◆ _____ ◆ _____

‖ 督導技能

督導技能（Supervisory Skill），也叫管理技能，是最基礎的管理技能，是每位管理者必須掌握的技能。

督導技能是最基本的管理技能，包括管理理論、管理技能以及員工管理技能。表1-20列出了督導技能的主要內容及其說明。

表1-20 督導技能的主要內容及其說明

督導技能	說　明
管理知識	◆ 管理原則 ◆ 管理功能 ◆ 管理理論
領導藝術	◆ 提高領導素質 ◆ 領導藝術風格
時間管理	◆ 備忘錄的使用 ◆ 緊急重要的事情要先做 ◆ 員工授權

督導技能	說　明
溝通技能	◆ 溝通的要素 ◆ 語言溝通 ◆ 非語言溝通
員工激勵技能	◆ 員工激勵理論 ◆ 員工激勵實踐
人力資源管理技能	◆ 員工招聘 ◆ 面試 ◆ 人員配置
員工培訓技能	◆ 入職培訓 ◆ 在職培訓
增進員工工作表現技能	◆ 工作考評 ◆ 員工職業發展
解決問題與決策技能	◆ 決策 ◆ 團隊解決問題
團隊建設技能	◆ 團隊建設的形成 ◆ 團隊建設的維護
您在工作中還應用過哪些督導技能？請舉例說明。 ◆ ＿＿＿＿＿＿＿＿＿＿＿＿＿＿＿＿＿＿＿＿＿＿＿＿＿＿＿＿＿＿＿ ◆ ＿＿＿＿＿＿＿＿＿＿＿＿＿＿＿＿＿＿＿＿＿＿＿＿＿＿＿＿＿＿＿	

表1-21 關於督導技能的練習

　　1.中餐廳經理艾麗絲每天的工作時間很長，經常加班，還常常把一些文字性的工作帶回家做，不過她的報表總是按時交的。

　　中餐廳經理艾麗絲需要提高哪項督導技能？

　　◆ ＿＿＿＿＿＿＿＿＿＿＿＿＿＿＿＿＿＿＿＿＿＿＿＿＿＿＿＿

　　◆ ＿＿＿＿＿＿＿＿＿＿＿＿＿＿＿＿＿＿＿＿＿＿＿＿＿＿＿＿

　　2.客房部樓層經理瑪麗對客房清潔員和服務員特別兇，大家都怕她，很多人希望能夠換樓層工作，還有些人想換到別的酒店客房部工作。

　　客房部樓層經理瑪麗需要提高哪項督導技能？

　　◆ ＿＿＿＿＿＿＿＿＿＿＿＿＿＿＿＿＿＿＿＿＿＿＿＿＿＿＿＿

　　◆ ＿＿＿＿＿＿＿＿＿＿＿＿＿＿＿＿＿＿＿＿＿＿＿＿＿＿＿＿

續表

3.工程部經理蒙地爾拉是新加坡人，講英語。他在晨會上，甚至在與他的員工談話時也一邊講話一邊使用手語。他的英語很純正，大家都覺得與他交流沒有問題。

工程部經理蒙地爾拉的哪項督導技能運用得非常好？

◆ _____

◆ _____

4.櫃臺經理王建總能招聘到合格的員工，櫃臺的員工流動率在酒店各部門也是最低的。櫃臺員工經常開展各種培訓，員工業餘時間還出去聚會和郊遊。

櫃臺經理王建的哪項督導技能運用得非常好？

◆ _____

◆ _____

‖ 管理原則

經理在進行酒店管理的過程中，要遵循酒店管理的原則，才能收到事半功倍的效果，才能在高度分工密切合作的現實工作中取得成功。表1-22列出了酒店管理的一些基本原則及其說明。

表1-22 酒店管理的一些基本原則及其說明

管理原則	說　明
運用權力	◆ 企業賦予經理下達指令的權力 ◆ 經理必須能夠下達指令
組織機構	◆ 權力指令線必須自上而下傳達到酒店組織機構的最下層
紀律	◆ 員工必須遵守酒店各項規章制度
垂直領導	◆ 每位員工只對一名上司負責
勞動分工	◆ 員工應該專長本職工作 ◆ 員工能夠完成本崗位的工作任務
崗位制	◆ 把員工安排在最恰當的崗位上
授權	◆ 把工作任務分配給屬下員工完成
責任	◆ 對權力的使用負責，對員工的行為負責

表1-23 關於酒店管理原則的練習

西餐廳經理羅杰，帶領西餐廳員工正在準備今晚的一個大型西餐宴會。盡管有中餐廳的員工幫忙，但人手仍然顯得不夠用。

正在這時，酒吧的三位員工來給宴會送酒水。按規定，他們送完酒水後留下一位參加今晚的宴會，其餘兩位擺完酒水台後將要回到酒吧工作。

酒吧的三位員工很快就把宴會酒水台搭好了，羅杰過來請他們幫忙擺宴會台，三位年輕人你看看我，我看看你，不知該怎麼辦──他們還有自己的工作要完成呀。

「先幫著擺台吧，有事我跟你們的經理去說」羅杰大聲地命令著。

三位員工只好跟著西餐廳員工一起擺台。離開餐還有一小時，西餐宴會台擺好了，羅杰高興地拍著三位年輕人的肩膀說：「幸虧有你們的幫忙，做得不錯。謝謝啦！」

來自酒吧的三位員工笑了，他們留下一位做宴會酒水服務，其餘兩位下樓到酒吧上班去了。

1.西餐廳經理擅自請酒吧員工幫忙擺台，這種做法違反了哪條管理原則？

◆ _____

◆ _____

2.設想一下，兩位酒吧員工回到酒吧會發生什麼事？他們如何向酒吧經理解釋？

◆ _____

◆ _____

3.西餐廳經理羅杰還可以有哪些不同的做法？

◆ _____

◆ _____

▋管理技能

對酒店業的經理來說，有些管理技能是必須掌握的。這些管理技能可能是在多年的實際工作中摸索出來的，也可能是透過學習培訓得來的。表1-24列出了酒店業經理必須掌握的三大管理技能及其說明。

表1-24 酒店經理必須掌握的三大管理技能及其說明

管理技能	說　明
實際操作技能	◆ 完成員工工作任務所需的能力 ◆ 每項工作都需要一定的操作技巧 ◆ 每位員工都是某項或某幾項工作的技能專家
人際關係技能	◆ 成功與人打交道的能力 ◆ 尤其是與員工和賓客打交道的能力
宏觀管理技能	◆ 把握全局，認清局部與整體關係的能力 ◆ 從酒店或部門角度看問題的能力

　　酒店業管理層、督導層以及一線員工，都需要掌握酒店管理的實際操作技能、人際關係技能與宏觀管理技能。但是，管理層、督導層以及一線員工要求掌握的管理技能的程度與內容有所不同。圖1-4　列出了管理層、督導層以及一線員工要求掌握的各項酒店管理技能的需求圖示。

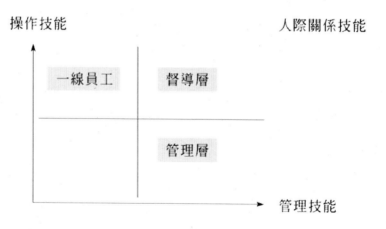

圖1-4 管理層、督導層以及一線員工酒店管理技能的需求圖示

　　一線員工，需要熟練的操作技能完成各項工作任務，需要良好的人際關係技能與賓客打交道，把賓客留住而不是趕跑。

　　管理層員工，需要強有力的管理技能進行酒店經營管理，需要良好的人際關係

溝通酒店與外部、酒店與上級集團、酒店與工會及員工的聯繫。

督導層員工，需要實際操作技能指導員工的各項工作，需要良好的人際關係與管理層與一線員工以及賓客進行溝通，需要宏觀管理技能做好部門經營以及與其他部門的協作。

‖ 關於酒店管理技能的練習

表1-25 關於酒店管理技能的練習

1. 西餐廳經理羅杰看到資深員工瑪麗亞正在對新員工進行西餐擺台培訓，看著瑪麗亞準確嫻熟地擺著餐具，他微笑著點了點頭說：「多練習一下，你們將來都能像瑪麗亞做的那樣好」

　　上面案例裡西餐廳經理用到了什麼技能？

◆ _____

2. 櫃臺經理王建正在做下週的員工排班表。下週開始酒店進入旺季，客房出租率達到了90%，特別是週末，預測為98%。有兩位員工申請休假。櫃臺經理王建陷入了深思。

　　上面案例裡櫃臺經理將可能會用到什麼技能？

◆ _____

◆ _____

「經理，是我的起跑線！」

「當經理的感覺怎麼樣？」

西餐廳經理羅杰與女朋友小麗在市裡一家高檔西餐廳用餐，慶祝羅杰提升為經理。這是小麗坐下來的第一句話。

「感覺還不錯！」

「來，我的大經理，碰下杯，祝賀你呀！」

這間西餐廳布置得相當有情調，燈光不明不暗，配上紅蠟燭，有一種特殊的浪漫氛圍。背景音樂中的優雅鋼琴聲，若隱若現。

「背景音樂有鋼琴的效果不錯，而且我們餐廳的背景音樂聲音大了些，聽了不夠悅耳，調小了又聽不到。」羅杰環顧著四周，輕聲對小麗說。

「您是在用餐還是在工作呀，吃個飯也不消停，還在想著你們餐廳的背景音樂哪！」小麗小聲嘀咕著。

「可不是嘛！當了經理可不是萬事大吉了……」羅杰話沒說完，就被小麗打斷了：

「那是萬里長征走完了第一步……」

「真的，當經理是我的起跑線，我……」羅杰還想說下去。

「好了好了，大經理，讓我和你一起起跑吧，來，再乾一杯！」

燭光裡，羅杰與小麗享受著甜蜜的二人世界。

……

督導技能達標測試

下面關於督導技能的測試問題，用於測試您的督導技能水準。在「現在」一欄先做一遍，分別在兩週、四週後再各做一遍，看看自己的督導技能是否有進步。提高自己的督導技能，您一定能夠成為一位高效的酒店經理。

現在	兩週後	四週後	測試問題
☐	☐	☐	1.我知道酒店有三個管理層次
☐	☐	☐	2.我知道經理的職責有哪些
☐	☐	☐	3.我知道經理對管理層的職責是什麼

續表

現在	兩週後	四週後	測試問題
☐	☐	☐	4.我知道經理對督導層的職責是什麼
☐	☐	☐	5.我知道經理對員工的職責是什麼
☐	☐	☐	6.我知道經理對賓客的職責是什麼
☐	☐	☐	7.我知道經理對自身的職責有哪些
☐	☐	☐	8.我知道優先履行哪項最重要的職責
☐	☐	☐	9.我知道經理應該掌握哪三大技能
☐	☐	☐	10.我知道酒店的管理原則是什麼
☐	☐	☐	11.我知道科學管理理論在酒店業的應用情況
☐	☐	☐	12.我知道以人為本管理的精華是什麼
☐	☐	☐	13.我知道管理的六大功能是什麼
☐	☐	☐	14.我知道如何在酒店管理中應用計劃功能
☐	☐	☐	15.我知道如何在酒店管理中應用組織功能
☐	☐	☐	16.我知道如何在酒店管理中應用人員配置功能
☐	☐	☐	17.我知道如何運用管理的六大功能
☐	☐	☐	18.我知道當上經理只是站在了管理者的起跑線上
☐	☐	☐	19.我知道督導技能包括哪些內容
☐	☐	☐	20.我知道如何提高自己的督導技能

合計得分：

▎遊戲：管理功能的應用

遊戲準備

1.遊戲時間：15分鐘；

2.參加人數：全體學員；

3.道具：蒙眼布12條、玫瑰花4束、書4本、礦泉水瓶4個、紙箱4個；

4.道具擺放：紙箱放在一條線上，4　名團隊長分別站在紙箱之後位置；紙箱前分開擺放玫瑰花、書、礦泉水瓶。

遊戲規則

1.將學員分成四個小組，每個小組選取一名團隊長和三名參賽選手；

2.其餘團隊成員作為觀察員參加遊戲，在遊戲結束時談觀察感言；

3.培訓師為團隊長分配任務；

4.觀察員將蒙著眼睛的參賽選手帶進比賽場地，並分配好站立的位置；

5.培訓師宣布比賽開始；

6.各團隊長同時下指令：第一位參賽員工聽取團隊長的指令，拿起剩餘的玫瑰花、書、礦泉水瓶中的最後一種，交到第二位參賽隊員手上；

7.第二位參賽選手接過第一位參賽選手交來的東西，聽取團隊長的指令，拿起玫瑰花、書、礦泉水瓶中的任意一種，交到第三位參賽隊員手上；

8.第三位參賽選手接過第二位參賽選手交來的東西，聽取團隊長的指令，拿起玫瑰花、書、礦泉水瓶中的任意一種，並把手中的玫瑰花一束、書一本、礦泉水瓶一個放進團隊長前面的紙箱中；

9.最先完成的團隊為勝，繼續觀察直到所有團隊都完成任務。

遊戲分析

1.各團隊長總結遊戲成敗的原因；

2.觀察員談觀察感言；

3.參賽選手談參賽體會。

培訓師總結

◆ 團隊長在遊戲中運用「管理功能」的計劃、組織、人員配置、領導、控制與評估、協調的成功運用範例；

◆ 團隊長在遊戲中運用「管理功能」的計劃、組織、人員配置、領導、控制與評估、協調的運用不足之處；

◆ 稱呼員工的姓名；

◆ 蒙著眼睛的參賽選手如同日常工作中的員工一樣需要聽到具體的指令；

◆ 指令具體到位，如前後左右多少步等；

◆ 指出安全問題；

◆ 為成功團隊發放獎品，或加分。

第二章 領導——形成自己的領導藝術風格

本章概要

領導藝術水準測試

經理的權力

酒店企業賦予的權力

個人權力

員工對權力的接受方式

經理權力運用與員工權力接受分析

有效運用權力

強化職位權力

增進個人權力

有效運用權力的技能

有效運用權力的技能

經理有效運用權力的案例

經理權力與員工權力接受關係圖

經理的領導藝術

專制式

官僚式

放任式

民主式

領導藝術風格的比較

形成自己的領導藝術風格

影響酒店經理領導藝術風格的因素

形成自己的領導藝術風格

提升酒店經理的領導素質

快速提高領導素質的方法

領導藝術達標測試

培訓目的

學習本章「領導——形成自己的領導藝術風格」之後，您將能夠：

☆瞭解酒店經理權力來源

☆瞭解員工對權力的接受方式

☆瞭解有效運用權力的方法和技巧

☆瞭解酒店經理的領導藝術風格

☆瞭解酒店經理如何選擇適合自己的領導藝術風格

☆瞭解酒店經理如何提高自己的領導素質

「西餐廳下雨了！」

「西餐廳下雨了！」

12月23日晚上8時，聖誕節將臨，位於三樓的西餐廳自助晚餐廳全部客滿。賓客滿座，服務員加快了服務的腳步，主掌烹飪的幾位廚師忙得不可開交。餐廳裡張燈結綵，一片節日氣氛，菜餚也因為價格的提高特別豐富。

或許因為燈光太足的原因，餐廳噴淋系統突然失靈噴灑起來，頃刻之間，傾盆大雨從天而降！

「哇！西餐廳下雨了！」

西餐廳經理羅杰隨著喊聲急步來到餐廳，只見餐廳裡亂作一團，客人紛紛從座位上站起來，尋找「雨水」淋不到的地方，廚師們護著烹飪好的和正在烹飪的菜餚，服務員驚慌失措不知該做什麼好。

羅杰吩咐離他最近的一位迎賓員給工程維修部打電話，請他們馬上前來處理。他讓服務員先把客人轉移到位於一樓的咖啡廳去。

工程部員工及時關閉了水源，「雨」是停了，可杯盤狼藉的自助餐廳無法再經營下去了，這時是晚上8時15分。羅杰吩咐廚師和服務員立即將自助餐搬到一樓的咖啡廳。

一樓咖啡廳，有些客人在結帳，有些還在繼續用餐，還有些客人陸續進來。

好在樓下咖啡廳的自助早餐臺可以利用，廚師們把原料搬到樓下，並繼續著烹飪，服務員一面向賓客道歉，一面繼續服務，餐廳很快恢復了正常營業。

‖ 領導藝術水準測試

下面關於領導藝術測試問題，用於測試您的領導藝術水準。選擇「知道」為1分，選擇「不知道」為0分。得分高，説明您對領導藝術理解深刻，有可能在工作中加以運用；得分低，説明您有學習潛力，學到新知識，將來會在工作中加以運用。

知道	不知道	測試問題
☐	☐	1.我知道酒店經理手中的權力是哪裡來的
☐	☐	2.我知道酒店企業賦予經理的權力有哪些
☐	☐	3.我知道酒店經理的個人權力有哪些
☐	☐	4.我知道酒店員工對權力的四種接受方式是什麼
☐	☐	5.我知道酒店經理權力運用與員工對權力接受的關係
☐	☐	6.我知道酒店經理如何強化職位權力
☐	☐	7.我知道酒店經理如何增進個人權力
☐	☐	8.我知道有效運用權力的八項技能是什麼
☐	☐	9.我知道酒店經理應該擁有什麼樣的領導藝術
☐	☐	10.我知道專制式的領導藝術及其適用與不適用的場合
☐	☐	11.我知道官僚式的領導藝術及其適用與不適用的場合
☐	☐	12.我知道放權式的領導藝術及其適用與不適用的場合
☐	☐	13.我知道民主式的領導藝術及其適用與不適用的場合
☐	☐	14.我知道四種領導藝術風格的優勢是什麼
☐	☐	15.我知道四種領導藝術風格的不足有哪些
☐	☐	16.我知道酒店經理如何選用適合的領導藝術風格
☐	☐	17.我知道影響酒店經理領導藝術的因素是什麼
☐	☐	18.我知道酒店經理的領導素質指什麼
☐	☐	19.我知道如何形成自己的領導藝術風格
☐	☐	20.我知道快速提高酒店酒店經理領導素質的方法

合計得分：

‖ 經理的權力

在第一章「經理——管理者的起跑線」中，我們學習了經理的管理職責，以及如何履行對管理層、員工、賓客、督導層以及自身的職責。管理職責的大小由職位決定，從管理層到督導層逐步遞減。與管理職責相對應的是職權，即權力。

權力是一種令他人服從的能力。經理要履行管理職責，履行管理職責是一種控制行為，是運用手中權力影響他人、達到酒店目標與目的的一種活動。

酒店企業賦予的權力

被提升為經理，您在擁有經理職責的同時擁有了與職責相對應的權力。權力，是一種影響他人行為的能力。

經理的權力，來源於酒店企業和經理個人兩個方面。表2-1列出了酒店企業賦予經理的權力及其說明。

表2-1 酒店企業賦予經理的權力及其說明

酒店企業賦予經理的權力	說　明
職位權力	◆ 賦予一個具體職位的權力 ◆ 始於高級管理層逐級遞減到督導層的最低層 ◆ 與職位相關的正式的合法的權力
獎賞權力	◆ 用正式的獎賞方式影響、引導員工的行為 ◆ 物質獎勵，如：加薪、升職、獎金和帶薪休假等 ◆ 精神獎勵，如表揚、認可、感謝信等
強制權力	◆ 不給予獎勵或者是給予懲罰的權力 ◆ 懲罰、開黃單、記過、降薪降職、解聘乃至開除

您在工作中是如何運用酒店企業賦予的權力的？請舉例說明。
◆ _____
◆ _____

經理在使用酒店企業賦予的職位權力、獎賞權力和強制權力時，應該靈活運用職位權力，多多使用獎勵權力，特別是精神獎勵，謹慎使用強制權力。表2-2列出了關於使用酒店企業賦予權力的練習。

表2-2 關於使用酒店企業賦予權力的練習

1.酒店宴會部接到一個400人的臨時宴會，請求西餐廳增派三位員工支援。正值聖誕節期間，西餐廳員工已經兩週沒休息了。西餐廳羅杰挑選了李莎、李娜和馬克，並準備通知他們。

西餐廳經理分派員工到宴會部加班支援，他運用的是什麼權力？

◆ _____

◆ _____

2.西餐廳經理準備派李莎、李娜和馬克到宴會部加班。為了鼓勵員工，經理答應給他們休假一天。三位員工很高興，由原來的不情願，變成心甘情願。服務品質取決於服務狀態，員工由一個良好的狀態進入工作，是保證服務品質的先決條件。

續表

在這個案例中，西餐廳經理運用的是什麼權力？效果怎麼樣？

◆ _____

◆ _____

3.中餐廳經理艾麗絲的三位員工不願再加班，他們說：「實在是太累了，去了也幹不好」。這時，艾麗絲對他們說：「不參加這次宴會的話也可以，但要多派兩次宴會服務。」無奈之下，三位員工只好答應到宴會部幫忙。

在這個案例中，中餐廳經理運用的是什麼權力？效果怎麼樣？

◆ _____

◆ _____

4.行政管家艾米小姐，在工作中常常使用強制權力懲罰員工，與員工關係比較緊張。這次，她同時開除了三位員工，她因此被三位員工告知：「請您一個月不要出酒店，否則小心紅磚打您的頭。」她果真一個月沒敢出酒店的大門。

這個案例說明了什麼？

◆ _____

◆ _____

個人權力

個人權力與職位無關，是一種來源於經理內在的個人權威，也有人稱之為個人魅力。表2-3列出了來源於經理個人的權力。

表2-3 酒店經理的個人權力

酒店經理的個人權力	說　明
專業權力	◆ 也稱專家權力 ◆ 來源於酒店經理個人的專業知識 ◆ 來源於酒店經理個人的操作技能
感召權力	◆ 一種令人欽佩和尊重的個性，也稱為人格魅力 ◆ 出於對經理的個人素質和人際交往技能的欽佩和尊重 ◆ 使人自覺自願服從的一種能力

表2-4 關於使用酒店經理個人權力的練習

1.西餐廳經理羅杰指派資深員工李娜對新員工艾瑪進行跟班培訓，在實際工作中帶艾瑪進行工作，並對她進行培訓。艾瑪非常敬重李娜，聽經理說，李娜已經連續兩次被評為優秀員工了，她決心要好好向師傅李娜學習。

續表

在這個案例中，經理給員工李娜分派工作運用的是什麼權力？員工李娜對新員工艾瑪進行跟班培訓使用的是什麼權力？

◆ _____

◆ _____

2.大廳副理杰森擁有良好的處理賓客投訴技能，大吵大鬧的賓客與他交談之後就會慢慢安靜下來，就會息怒，還會轉化為滿意的甚至是忠誠的賓客。他那種對酒店貴賓謙卑可親的態度，讓賓客感覺受到尊敬。這種處理賓客投訴的技能讓人欽佩。

在這個案例中，大廳副理運用的是什麼權力？

◆ _____

◆ _____

‖ 員工對權力的接受方式

員工對酒店經理的權力運用方式，可能表現為積極的主動服從，也可能是不得不服從，甚至可能拒絕服從。表2-5　列出了員工對酒店經理權力的接受方式及其說明。

表2-5 員工對酒店經理權力的接受方式及其說明

員工對權力的接受方式	說　明
主動服從	◆ 積極地接受命令 ◆ 不提任何條件，堅決服從 ◆ 往往能夠圓滿完成任務
服從	◆ 同意經理的意見 ◆ 貫徹執行新指令 ◆ 可能保留自己的意見
被動服從	◆ 心中不滿，但不得不聽從指令 ◆ 強制權力容易引起被動服從
抗拒	◆ 公開反對經理的計劃，無視指令 ◆ 甚至公開抵制命令

經理權力運用與員工權力接受分析

　　圖2-1列出了酒店經理職位與個人權力運用和員工權力接受分析圖示。當酒店經理個人權力運用得好的時候，員工服從。例如，一對一培訓的帶班培訓師，雖然沒有職位權力，但員工因其專業權力而服從，很多員工做了經理以後，仍然敬重自己的帶班培訓師，因為他們是「師傅」。

　　當酒店經理個人權力和職位權力都運用得好的時候，員工會主動服從，自覺自願地效仿和學習他們的行為。這時的經理是一位可親可敬的經理。例如，西餐廳經理羅杰對餐飲總監李先生一樣，由於佩服他的人格魅力，自覺自願向他學習。

　　僅僅運用職位權力，「我是經理，我叫你這麼做你就得這麼做」，往往會引起員工的反感，員工不得不聽從，這叫被動服從。

個人權力

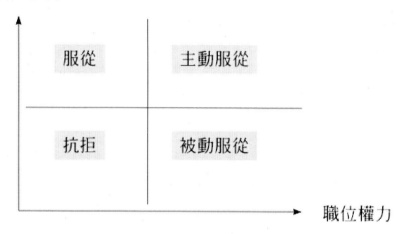

圖2-1 酒店經理職位與個人權力運用和員工權力接受分析圖示

當經理的個人權力和職位權力都運用得不好時，很容易引發員工的抗拒態度。不是經理做不成，就是員工被解聘或主動離職。表2-6列出了關於經理權力運用與員工權力接受的練習。

表2-6 關於經理權力運用與員工權力接受的練習

1.西餐廳經理羅杰準備派李莎、李娜和馬克到宴會部加班支援。為了鼓勵員工，羅杰答應員工給他們帶薪休假一天。「總說休假休假的，都兩個星期沒休息了呀。」李娜小聲說。 在這個案例中，您認為員工對權力的接受形式是什麼樣的？ ◆ ＿＿＿＿＿＿＿＿＿＿＿＿＿＿＿＿＿＿＿＿＿＿ ◆ ＿＿＿＿＿＿＿＿＿＿＿＿＿＿＿＿＿＿＿＿＿＿

續表

> 2.中餐廳經理艾麗絲的三位員工不願再加班,他們說「實在是太累了,去了也幹不好。」這時,艾麗絲對員工說:「不願參加這次宴會的話也可以,但要多派兩次宴會服務」。三位員工互相看了一眼,說「多派就多派,這次就是不想去。」
>
> 　　在這個案例中,員工由被動服從轉變為抗拒,為什麼?
>
> 　　◆ ＿＿＿＿＿＿＿＿＿＿＿＿＿＿＿＿＿＿＿＿＿＿＿＿＿＿
>
> 　　◆ ＿＿＿＿＿＿＿＿＿＿＿＿＿＿＿＿＿＿＿＿＿＿＿＿＿＿

有效運用權力

　　要想運用好權力,獲得員工主動服從、服從甚至被動服從的結果,酒店經理就要學會維護自己的權力,有效運用手中權力。有效運用權力的方法很多,這裡介紹如何強化職位權力與增進個人權力。

強化職位權力

　　成功的酒店經理最大限度地利用一切機會強化自己的職位權力,擴大自己的勢力影響範圍。表2-7列出了酒店經理強化職位權力的方法及其說明。

表2-7 酒店經理強化職位權力的方法及其說明

強化職位權力的方法	說　明
勇於表現自己	◆ 積極參加酒店組織的各項活動 ◆ 在部門或酒店發起和組織一些活動 ◆ 在活動中勇於表現自己
進入酒店核心訊息圈	◆ 關心酒店，了解酒店，知道酒店發生的重大事件 ◆ 積極參與到酒店變革之中 ◆ 積極參加各種會議 ◆ 在會議中積極發表自己的見解
宣揚工作業績	◆ 履行自己的各項職責 ◆ 對自己及部門工作的業績和重要性進行宣傳 ◆ 讓酒店了解自己和員工的出色表現 ◆ 員工表現出色是經理的光彩，增強的是經理的職位權力

續表

您認為還有哪些強化酒店經理職位權力的方法?請舉例說明。

◆ _____

◆ _____

表2-8 關於酒店經理強化職位權力的練習

1.湖北武漢九輝酒店集團組織管理層與督導層員工進行「酒店業督導技能」培訓，集團及其屬下四間酒店54位經理參加了為時5天的培訓。集團總裁胡先生在培訓中與經理們一起參加各項互動活動、做遊戲、討論。培訓結束後，胡先生總結說，「這次培訓最大的收穫是發現了企業內部人才，了解了自己的經理。」

在這個案例中，集團總裁胡先生如何增進個人權力?經理如何增進職位權力?

◆ _____

◆ _____

2.大多數酒店每天早上要開30~60分鐘的會議，這被稱為是「例會」或「晨會」，那些積極溝通部門訊息，並對其他部門訊息給予反饋的經理成為酒店訊息圈的核心人物。

在這個案例中，經理是如何增進自己職位權力的?

◆ _____

◆ _____

增進個人權力

酒店經理在增強職位權力的同時，更要增進自己的個人權力。表2-9列出了酒店經理增進個人權力的方法。

表2-9 酒店經理增進個人權力的方法

◆ 宣傳自己的業績和能力

◆ 改善人際關係

◆ 獲取更多的專業知識

◆ 讓員工、同事和上司了解自己的工作與管理能力

◆ 學習新知識和技能並將之運用到日常工作中

您認為還有哪些增進經理個人權力的方法?請舉例說明。

◆ _____

◆ _____

表2-10 關於酒店經理增進個人權力的練習

1.南京金陵飯店行政總廚華惠生先生，率先在中餐引進「標準菜譜」概念，一改往日「鹽少許，高湯適中」的做法，規定中餐也要標準化，使用稱量法。他不斷鑽研廚藝，推出新菜品。他研製的菜單軟體將查詢資料、開菜單、客情檔案與員工配置等融爲一體，只要幾秒鐘可以計算出宴會主菜和配菜成本及其營養素搭配，原材料數量等。打印出來以後，宴會廚師就可以按圖施工了。他還爲此申請了國家專利。

在本案例中，華先生是怎樣增進自己個人權力的？

◆ _____

◆ _____

2.海南文華大酒店銷售經理杰克擁有出色的銷售技巧和市場營銷專業知識。他喜歡電腦，精通辦公系統軟體的使用。他在集團銷售會議上做了一個電子文稿演示，把銷售情況用彩色圖表和圖形表現得清清楚楚，一目了然。此外他還作了銷售趨勢圖。與會者驚訝他的電腦技能不得了。集團銷售總監還請他就各區域的銷售情況作了一張彙總表呢。

在本案例中，杰克先生的電腦技能幫了他什麼忙？

◆ _____

◆ _____

有效運用權力的技能

酒店經理利用自己的職位權力、獎賞權力、強制權力、專家權力和感召權力等權力資源，解決問題、達到自己目的的方式不同，所取得的效果也不同。

有效運用權力的技能

酒店經理有效運用權力的方法有員工討論、説明、請求等技能。表2-11列出了酒店經理有效運用權力的技能及其説明。

表2-11 酒店經理有效運用權力的技能及其説明

有效運用權力的技能	說　明
討論	◆ 讓有關員工參加與所期望行爲有關的決策討論，影響和引導員工的行爲 ◆ 引導出來的討論結果，員工更願意執行 ◆ 參與決策過程的員工願意遵守或執行決策

有效運用權力的技能	說　明
說服	◆ 以理服人 ◆ 擺事實講道理影響和引導員工
請求	◆ 喚起員工的價值觀或情感因素 ◆ 調動員工積極性和對工作的投入
胡蘿蔔	◆ 用表揚或奉承的方式贏得同意
棍子	◆ 施加壓力，恐嚇，威脅等 ◆ 謀取同事的支持以施加壓力
利益誘惑	◆ 用獎賞或好處加以誘惑 ◆ 利潤共享是利益誘惑的好方法
直接命令	◆ 動用職位權力，命令所期望的行爲 ◆ 我是經理，必須按我說的去做
借權	◆ 借用他人的權力 ◆ 利用更高職位的人達到自己所期望的行爲

經理有效運用權力的案例

　　從老酒店派人籌備新酒店開業叫外派。年輕員工願意外派。籌備結束後，開業人員留在新店並得到提升。但對一些老員工，家裡有老人要照顧，學校有孩子要接送，特別是夫妻兩人同在酒店業工作的，不願意接受外派工作。

　　某集團在外省的三間特許經營加盟店，需要選送三位西餐領班級員工到新店籌備開業。外派時間為六個月。其中兩位人選沒有問題，工作表現突出，技能超群，也有一定的管理技能，自願申請外派。問題出在西餐廳領班馬克身上。馬克的家庭情況並不複雜，孩子有老人照顧，但他公開與其他員工說，父母在不遠遊，更別說是邊遠省份了。西餐廳經理羅杰如何利用自己的權力資源解決這個問題？表2-12列出了羅杰有效運用權力外派馬克的案例。

表2-12 酒店經理有效運用權力的案例

運用權力的技能	案　例
討論	羅杰召開有關人員會議，說明集團特許經營第138間酒店開業的重要性，酒店業競爭激烈，集團要保持競爭地位擴張是必然的。 　　他請大家發表意見，願意外派的自願報名。兩位員工當場報名，馬克一言不發。 　　討論結束了，羅杰把馬克單獨留了下來。
說服	羅杰親切地對馬克解釋說，他有意想讓馬克報名參加，他認為馬克無論從技能條件還是管理經驗方面都是最合格的人選。羅杰說：「我們酒店派出去的人一定要能夠代表我們的技能和管理水平。」馬克笑了笑，但仍未表態。
請求	羅杰說到馬克良好的團結合作意識，上次西餐宴會突然增加人數，是他當場果斷地把賓客及時轉移到旋轉自助餐廳，結果，不但賓客沒有投訴，還表揚他當機立斷，處理得好。 　　這樣的領導藝術可不是每個人都運用得好的。馬克不好意思地笑了：「這是我應該做的，我們酒店歷來把賓客滿意度在第一位，那天是我當班，如果換了別人，也會這樣做的，這算不了什麼。」 　　挺謙虛，就是不表態說要參加外派任務。
胡蘿蔔	羅杰見馬克仍不表態，急了，但他耐著性子說：「您每次到宴會幫忙都得到宴會部的好評，甚至每次宴會部都點名要您。這種樂於助人的精神以及勤懇工作的情況是西餐廳員工有目共睹的，相信這次外派您也不會讓我失望的。所以才選派了您，您的意見呢？」 　　馬克終於說：「經理，對不起，我讓您失望了，這次任務我真的不能去，如果我能去的話，我早就報名了，您是了解我的。」 　　羅杰的火上來了，能有什麼事比工作還重要呢，但他咳嗽了一聲，壓住了心中之火。
棍子	羅杰說：：「馬克，要說家裡有困難，李莎比您困難。他要送孩子上學，先生在中餐部，工作也很忙，一位女士都能夠克服困難參加外派，我們男士怎能落後呢？再說，您的父母與你們同住，您的孩子都是由父母照看，您還能有什麼困難呢？如果我是您的話，我一定不會錯過這次機會的」 　　羅杰看著馬克，平時快人快語的他再一次保持了沉默。究竟是什麼原因呢，羅杰心裡納了悶，他忍住心中的不快，假裝親切地說： 　　「馬克，是什麼原因讓您拒絕這次外派呢？」 　　馬克看了看羅杰，終於說話了「我考了一個『專昇本』的酒店管理班，下半年要做畢業論文，這可是本科文憑的大事，錯過了這個機會我就畢不了業了，兩年的書也就白讀了」 　　原來是這樣，羅杰聽了鬆了一口氣。

續表

運用權力的技能	案　例
利益誘惑	「原來是這樣，您早說呀，我出面與學校打招呼把您的論文答辯時間推後一個月，六個月外派回來我給您放假15天，您就可以好好準備自己的論文答辯了。另外，我也是去年剛參加本科酒店管理畢業論文答辯的，我還可以幫您收集資料，找我的老師給您進行輔導，您一定會按時畢業的，您覺得怎麼樣？有了本科文憑，您可真是如虎添翼啊，更不得了」 「真的？」 馬克沒想到一向被他看做是工作狂的羅杰原來也挺有人情味的，還答應願意幫他準備論文，於是他爽快地說，「只要學校同意我延遲論文答辯，外派沒有問題。我願意參加，多一個鍛鍊自己的機會。我只是不願意放棄學了兩年的本科文憑。」
直接命令	羅杰笑了：「還好您同意了，不然的話我就命令您去，去也得去，不去您也得去。除非您不想在我這工作了。」 「那哪能啊，您不會因為外派不去開除我吧？」
借權	羅杰說，「開除您倒不會，但您一定得去，這是總經理批的，您知道嗎？那可不是什麼人想去都能去的！」 「總經理批的？總經理也知道我？」馬克疑問道。 「是啊，您要是不去，他就更知道您了！」羅杰笑了起來。 「天哪，我可沒想那麼多。」馬克與羅杰都笑了。

經理權力與員工權力接受關係圖

　　酒店經理利用自己的職位權力、獎賞權力、強制權力、專家權力和感召權力資源，透過討論、說服、請求、胡蘿蔔、棍子、利益誘惑、直接命令和借權等技能，達到讓員工主動服從或是服從，甚至是被動服從的目的。圖2-2列出了經理個人權力與職位權力的應用以及員工對經理權力的接受方式的關係圖示。

　　從圖2-2中可以看出，有經驗的經理往往會採用兩到三種權力技能的結合使用。首先，他們會試用自認最有效的方法，即對人威懾力最小的方法。如，運用個人權力，用討論與說服的技能，達到員工主動服從的目的。如果這個方法無效，再用第二種策略，即運用個人權力與職位權力，用請求和胡蘿蔔的方法獲得員工服從。

　　許多新任經理只靠職位權力完成任務，經常動用職權影響員工行為。當受到員工挑戰時，他們回答說：「我是您的老闆，我讓您這麼做。」雖然這種策略在某些

情況下能夠取得「員工被動服從」的結果，但是隨著時間的推移，會引起「員工抗拒」的結局，而且不會產生員工主動服從的全身心投入所帶來的工作業績。

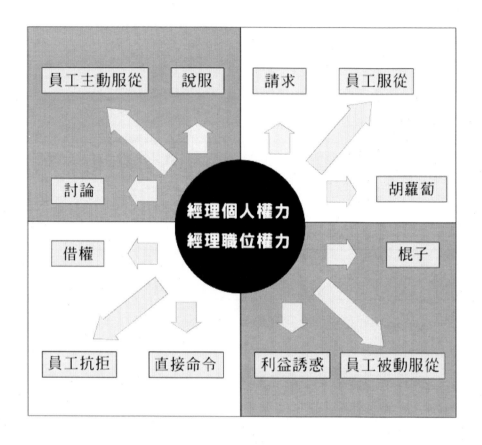

圖2-2 經理個人權力與職位權力的應用以及與員工對經理權力的接受方式的關係圖示

經理的領導藝術

領導藝術（Leadership），是透過他人或者是透過與他人一起達到自己目標的能力。一位酒店經理透過建立目標來影響員工，創建條件讓員工達到目標的能力就是酒店經理的領導藝術。表2-13列出了酒店經理領導藝術與管理的區別。

表2-13 酒店經理領導藝術與管理的區別

酒店經理領導藝術	管　理
◆ 是一種影響思維的過程	◆ 是一種控制行為的過程
◆ 影響力的關係	◆ 權力關係
◆ 由領導和合作者同時完成	◆ 由經理和下屬完成
◆ 不需要一個領導職位	◆ 需要領導職位
◆ 需要個人魅力	◆ 需要職位權力

　　酒店經理在運用權力履行管理職責時，通常需要做出大大小小的決策。有些經理喜歡根據自己的經驗和偏好以個人決策為主，而有些經理喜歡讓員工參與，聽聽員工的意見再做決策。

　　圖2-3列出了以酒店經理個人決策為主，以及讓員工參與聽聽員工意見再做決策的決策方式不同，而形成的四種領導藝術風格圖示。

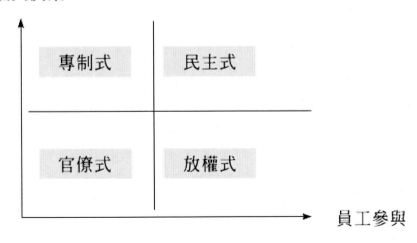

圖2-3 酒店經理領導藝術風格的形成圖示

專制式

專制式領導藝術的特點是，經理以個人決策為主直接下達命令，不徵求員工的

意見，員工按指令完成工作任務。表2-14列出了專制式領導藝術的特徵。

表2-14 專制式領導藝術的特徵

- ◆ 經理直接下達命令，告訴員工做什麼，怎麼做
- ◆ 經理做出決策，不徵求員工意見，員工按指令完成工作任務
- ◆ 自上而下的溝通，經理說員工聽
- ◆ 注重監督過程
- ◆ 經理用威脅和懲罰的方式影響員工
- ◆ 經理更注重使用職位權力，特別是強制權力
- ◆ 經理不注重員工的培養，不信任員工，不談員工參與

您認爲專制式領導藝術還有哪些特徵？請舉例說明。

- ◆ _____
- ◆ _____

在酒店管理初期，大多數經理採用專制式的領導藝術風格，而且也曾經是一種很有效的領導風格。表2-15列出了適於與不適於使用專制式領導藝術的情況及其說明。

表2-15 適於與不適於使用專制式領導藝術的情況及其說明

使用情況	說　明
適於使用專制式情況	◆ 時間緊，任務重，工作量大時 ◆ 情況緊急時 ◆ 面對未經培訓、對工作一無所知的新員工時 ◆ 面對一個管理不善的部門時 ◆ 只有靠發布命令才有效時
不適於使用專制式情況	◆ 員工希望督導層聽取他們的意見時 ◆ 員工依賴經理幫他們拿主意時 ◆ 員工士氣低落時 ◆ 員工流動率和缺勤率較高時 ◆ 員工有參與意識時
您認爲還有哪些適於與不適於使用專制式領導藝術的情況？請舉例說明。 ◆ _____ ◆ _____	

　　隨著時代的發展，員工的參與意識逐漸提高，勞動力的素質發生了很大變化，專制式管理藝術風格不再受員工的歡迎。員工對經理專制式領導藝術不滿的最直接的反應是離職，在專制式的領導藝術風格下通常員工流動率較高。表2-16列出的是關於專制式領導藝術風格的練習。

表2-16 關於專制式領導藝術風格的練習

　　1.聖誕宴會前夕，西餐廳經理羅杰從旅遊學校借用30名學生做兼職服務員。他請5名員工對這些臨時服務員進行緊急培訓，要求他們嚴格按照宴會服務標準程序進行操練，練習重托和一些常見的宴會服務技能。

　　羅杰及其員工對臨時服務員實行的是一種什麼樣的領導藝術風格？
　　◆ _____
　　◆ _____

　　2.客房部行政管家艾米小姐的成本控制在集團內是最好的。她是一位非常有經驗的行政管家，對色彩、花卉等也有研究，在大堂布置的聖誕樹非常浪漫，讓人充滿幻想，而新年布置的梅花、紅燈籠，喜氣洋洋，很有中國情調。她給主管領班分配任務時的最後一句話是，「好了，就這樣，幹活去吧。」

　　艾米小姐對員工實行的是一種什麼樣的領導藝術風格？
　　◆ _____
　　◆ _____

官僚式

　　官僚式領導藝術的特點是，酒店經理根據規章制度和工作流程要求完成工作任務。表2-17列出了官僚式領導藝術風格的特徵。

表2-17 官僚式領導藝術風格的特徵

　　◆ 經理下指令少
　　◆ 員工參與也少
　　◆ 一切按照規章制度和工作流程標準要求做
　　◆ 遇到沒有制度規定或流程標準要求時就沒了主意
　　◆ 遇事要等上級出主意
　　◆ ……
　　您認為官僚式領導藝術還有哪些特徵？請舉例說明。
　　◆ _____
　　◆ _____

官僚式在酒店管理中被稱為「制度管人」，可以説在集團式操作下，對統一工作流程、統一服務標準非常有效。表2-18列出了適於與不適於使用官僚式領導藝術的使用情況及其説明。

表2-18 適於與不適於使用官僚式領導藝術的使用情況及其説明

使用情況	說　　明
適於使用官僚式情況	◆ 員工需要按規定程序工作時 ◆ 涉及危險或是精密儀器設備時 ◆ 員工工作與現金有關時 ◆ 進行安全或保全訓練時 ◆ 與財務工作有關時 ◆ 員工從事重複性例行工作時
不適於使用官僚式情況	◆ 員工對工作漠不關心時 ◆ 員工只做分內工作時 ◆ 制度不再適用但卻難以改變時
您認為還有哪些適於與不適於使用官僚式領導藝術的情況?請舉例説明。 ◆ _____ ◆ _____	

　　對經理來説，官僚式能夠按標準操作，但這種領導藝術風格缺乏創意，長期使用會使員工養成按部就班，不願多做工作的情況，容易導致員工對同事和團隊合作漠不關心的傾向。表2-19列出了關於官僚式領導藝術風格的練習。

表2-19 關於官僚式領導藝術風格的練習

1.酒吧服務員安迪擁有非常好的調酒技術，Manhattan,Blood lady,只要酒店酒水單上有的，他都能調製出來。有一天，一位賓客點了一份「椰風海韻」。這是什麼？酒水單上沒有，酒水配方裡沒見過。「對不起，先生，我從來沒聽說過『椰風海韻』，對不起，我做不了。」

酒吧服務員安迪對這位賓客用的是什麼樣的領導藝術風格?效果怎麼樣？

◆ _____

◆ _____

2.這時，酒吧經理杰森過來了，他笑著對賓客說，「先生，您說的『椰風海韻』是怎麼做的呢?」賓客說：「唔，那是去年我在三亞度假時喝過的，非常好喝。」杰克森問道，「先生，那是怎樣做的呢?」那位賓客回憶說：「我記得，有鳳梨汁、芒果汁、酸橘汁，還有椰子汁，以及低度白蘭地和高度白蘭地。是冰的，裝在椰子殼裡。」

酒吧經理杰森說：「我明白了。先將等量鳳梨汁、芒果汁還有椰子汁倒進一個冰過的杯中，再加上一滴酸橘汁，最後倒入一份低度白蘭地和一份高度白蘭地，再用力攪拌。最後，放在冰凍椰子裡!」

賓客說：「對啦。」

酒吧經理杰森說：「先生，您點的『椰風海韻』會在五分鐘內做好。」

酒吧經理杰森對這位賓客用的是什麼樣的領導藝術風格?效果怎麼樣？

◆ _____

◆ _____

放任式

放任式領導藝術的特徵是酒店經理幾乎不給員工指令而授權員工自己設立目標、決策和解決問題。很多經理認為他們更願意對少數資深員工而不是全體員工採用放任式的領導藝術。表2-20列出了放任式領導藝術的特徵。

表2-20 放任式領導藝術特徵

◆ 酒店經理不發布命令
◆ 完成任務的決策過程由員工決定
◆ 讓員工發現問題，解決問題
◆ 允許員工進行變革
◆ 員工懂得自我激勵，有經驗
◆ ……

續表

您認爲放任式的領導藝術還有哪些特徵?請舉例說明。

◆ _____

◆ _____

放任式的領導藝術讓員工充分發揮自己的主觀能動性,員工考慮問題也比較周全。表2-21列出了適於與不適於使用放任式領導藝術的情況及其說明。

表2-21 適於與不適於使用放任式領導藝術的情況及其說明

使用情況	說　明
適於使用放任式情況	◆ 擁有技術熟練、有經驗、有知識的員工時 ◆ 員工有責任心,有工作自豪感,有成功完成工作的強烈慾望時 ◆ 員工忠誠可靠,可信賴時 ◆ 聘請外來專家,如顧問、培訓師等時
不適於使用放任式情況	◆ 員工需要經理在身邊支持時 ◆ 員工需要經理的及時反饋才能做出決定時 ◆ 經理不清楚工作目標信賴員工決定時

您認爲還有哪些適於與不適於使用放任式領導藝術的情況?請舉例說明。

◆ _____

◆ _____

實行放任式領導風格的經理似乎不是老闆,而是在員工有困難時提供幫助的顧問。在這種方式下工作的員工可以長期保持高品質的工作。表2-22列出了關於放任式領導藝術的練習。

表2-22 關於放任式領導藝術的練習

1.銷售總監妮娜小姐給銷售部員工布置工作任務時,總喜歡定一個銷售底線,而具體銷售價格由銷售部員工根據客戶具體情況確定。

妮娜小姐對員工實行的是什麼樣的領導藝術?效果如何?

◆ _____

◆ _____

續表

2.酒店銷售用月餅這項業務,不知從什麼時間開始演變成了每年一度的各部門工作任務。管理層把銷售任務分給各部門,各部門又把任務分給各子部門,各子部門甚至又把任務分解到個人。這是典型的放任式,不管您用什麼方法,也不管您賣給誰,只要賣出去就完成任務了。越來越多的票券銷售,月餅票、聖誕節票、春節年夜飯票,俱樂部,美食節,等等。放任式對這些票券的銷售效果通常還不錯。

酒店放任式的票券銷售有什麼樣的利弊?請舉例說明。

◆ _____

◆ _____

民主式

民主式領導藝術的特徵是,酒店經理鼓勵員工參與,聽取員工意見,這是鼓勵團隊合作的一種領導藝術風格。民主式的領導像是一位努力建立團隊精神的教練,聽取員工意見之後才做最終決策。表2-23列出了民主式領導藝術的風格特徵。

表2-23 民主式領導藝術風格特徵

◆ 酒店經理保留個人決策

◆ 允許員工參與與其利益有關的決策，聽取員工意見

◆ 決策的控制權掌握在經裡手中

◆ 隨時提供員工工作表現情況的反饋

◆ 幫助下屬確定問題，下屬可能還不知道問題出在哪裡

◆ 幫助下屬設定一些目標

◆ 說明決策理由，並聽取員工的意見

◆ 支持和讚美下屬的任何意見和建議

◆ ......

您認為民主式領導藝術還有哪些特徵?請舉例說明。

◆ _____

◆ _____

在民主式的領導藝術下，員工能夠長期保質保量地工作，他們喜愛經理對自己的信任並報以合作、團隊精神和高昂的士氣。表2-24列出了適於與不適於使用民主式領導藝術的情況及其說明。

表2-24 適於與不適於使用民主式領導藝術的情況及其說明

使用情況	說 明
適於使用民主式情況	◆ 希望培養員工高度自我發展意識和職業滿足感時 ◆ 面對複雜問題希望員工幫助時 ◆ 擁有一批技術高超、經驗豐富的員工時 ◆ 解決涉及與員工利益有關問題時 ◆ 希望鼓勵團隊建設或參與精神時 ◆ 想要員工保持一個舒暢的心情工作時
不適於使用民主式情況	◆ 時間緊迫時 ◆ 經理自己決策更簡單更有效率時 ◆ 民主環境對自己有威脅時 ◆ 員工安全生產是關鍵時
您認為還有哪些適於與不適於使用民主式領導藝術的情況?請舉例說明。 ◆ _____ ◆ _____	

為什麼員工喜歡自己的經理擁有民主式的領導藝術風格？因為員工希望經理聽取自己的意見，希望自己能夠參與到與自己利益有關的決策過程中來。

　　民主式領導藝術是目前酒店業推崇的領導藝術風格，也是酒店業經理在長期工作實踐中總結出來的行之有效的領導藝術風格。表2-25列出了關於民主式領導藝術的練習。

表2-25 關於民主式領導藝術的練習

　　1.西餐廳經理羅杰要在週末派三位員工到宴會部加班。他很為難，李莎的父親，住院剛動過手術；瑪婭的男朋友，約她週末上海聚會；李莉，週末參加自學考試期末考。他召集三位員工開會。先說了加班的重要性，然後說：「我知道你們三人的情況，想叫你們加班都張不了口。」

　　三位員工說：「我們加班好了。」李莎說，我父親住院由醫生照顧，一下班我就去看他。「羅杰緊跟著說：「我和您一起去看您的父親。」瑪婭說：「男朋友會理解我的，我和他解釋。」羅杰笑著說：我給您寫加班證明信。」逗得瑪婭笑了起來。李莉說：「週末不能參加考試，下個月可以補考。」羅杰說：「給您半天假複習吧。」羅杰心裡想，「員工啊，只要給他們機會，他們會把酒店利益放在首位的。」

　　是什麼使西餐廳經理羅杰的員工決定加班？

◆ _____

◆ _____

續表

　　2.最近由於經濟形勢問題，酒店生意持續下降。管理層決定，給包括經理在內所有員工減薪20%，每月三天無薪休假，直到酒店經營狀況有所好轉。

　　總經理布萊特先生召集部門經理會議，通報酒店兩個季度以來的財務經營狀況，讓大家出謀劃策。最後，大家同意實行減薪20%的決定，與企業共渡難關。各部門經理召開經理、主管、領班會議，討論酒店的決定。

　　在酒店減薪的三個月裡，員工流動率比以往任何時期都低，員工士氣比以往任何時期都高。值得慶幸的是，形勢很快得到轉變。三個月後，員工恢復原來的工薪水平，年終還略有上揚。

　　為什麼員工同意酒店管理層關於減薪的決定？酒店管理層是怎麼做到的？

◆ _____

◆ _____

領導藝術風格的比較

專制式、官僚式、放任式以及民主式領導藝術風格，各自有其特徵，有其適於與不適於使用的情況，要靈活應用。表2-26列出了專制式、官僚式、放任式以及民主式領導藝術風格的比較。

表2-26 幾種領導藝術風格的比較

形　式	優　點	不　足
專制式	◆ 緊急情況時有效 ◆ 適合管理沒有經驗的員工 ◆ 時間緊迫時有效 ◆ 當您是最有見識之人時有效	◆ 顯得控制過度 ◆ 沒有員工參與 ◆ 抑制創造力 ◆ 缺乏對人的激勵
官僚式	◆ 有統一的工作標準 ◆ 利用前人的技能和經驗	◆ 沒有員工參與 ◆ 缺乏果斷精神
放任式	◆ 調動他人 ◆ 給人以靈感 ◆ 建立信任	◆ 顯得在操縱他人 ◆ 可能會被認爲太激進
民主式	◆ 培養開發人才 ◆ 提高績效 ◆ 提高員工的自我意識 ◆ 建立信任	◆ 很耗時 ◆ 依靠他人的合作 ◆ 假定他人願意發展

‖ 形成自己的領導藝術風格

沒有一種風格適用於任何情況，酒店經理應該形成自己的領導風格，恰當的領導風格取決於適當的場合。

影響酒店經理領導藝術風格的因素

影響酒店經理領導藝術風格的因素，有酒店經理的個人背景、所管理員工的背景，以及所工作企業的背景。表2-27列出了影響酒店經理領導藝術風格的因素及其說明。

表2-27 影響酒店經理領導藝術風格的因素及其說明

影響因素	說 明
酒店經理的個人背景	◆ 生活和教育背景 ◆ 個性、知識面、價值觀、道德觀 ◆ 以往的經歷 ◆ 曾使用過的領導藝術風格的經驗與教訓
所管理員工的背景	◆城鄉差異，農村人口酒店就業比重增加 ◆民族差異，有些民族講團隊精神，單獨受到表揚的員工會被孤立，有些民族極度好強，喜歡被公開表揚 ◆年齡差異，有人認爲酒店工作吃青春飯，是年輕人的行業；在歐美國家酒店是年齡跨度最大的一個行業 ◆文化差異，以前員工的文化水平較低，現在受過高等教育人員進入酒店工作 ◆國籍差異，尊重不同國籍的員工 ◆個性差異，人的性格表現行爲的個性特徵，每個人都有習慣的行爲方式，對不同個性的員工要使用不同的領導藝術風格
所工作企業的情況	◆ 酒店企業的傳統習慣、價值觀、經營理念影響酒店經理對領導藝術的選擇 ◆ 在一個傾向於民主式的酒店企業，專制式領導藝術風格不會受到歡迎
您認爲還有哪些因素影響酒店經理的領導藝術風格?請舉例說明。 ◆ _____ ◆ _____	

形成自己的領導藝術風格

　　酒店經理可以嘗試變化一下自己的領導藝術風格，學習在不同的情況下，採用不同的領導風格，獲得員工、上司、賓客和同事的喜愛、歡迎、支持和幫助，形成自己的領導藝術風格。表2-28列出了酒店經理形成自己的領導藝術風格的練習。

表2-28 酒店經理形成自己的領導藝術風格的練習

1.酒店決定在西餐廳試行員工銷售抽成活動。員工艾米獲得第一個月銷售第一名。宣布業績的第二天，艾米哭著對經理羅杰說，她寧願不要抽成也不要被孤立。原來，來自她們民族的人注重團隊合作，不允許個人英雄主義。羅杰與餐飲總監商量後決定將西餐廳試行的銷售提成改成利潤共享，即完成指標後的銷售利潤由員工與酒店分成。

從銷售提成到利潤共享，說明了什麼？

◆ _____

◆ _____

2.餐飲總監李歐先生是在歐洲學習酒店管理的。他在酒店對來自歐美的管理人員和員工見面或是再見，行擁抱及貼面禮，但他對中國員工行握手禮。

為什麼餐飲總監李歐先生在酒店對員工行兩種禮節？

◆ _____

◆ _____

3.西餐廳經理羅杰在組織沙灘宴會時，要求10名資深員工嚴格按照標準程序培訓臨時員工。他組織老員工開會討論如何以老帶新的服務問題。一名老員工帶三位臨時服務員，除了服務技能指導，還要負責對客服務，即一位員工負責四個檯面的對客服務工作。

西餐廳經理羅杰實行的是什麼樣的領導藝術風格?老員工呢?

◆ _____

◆ _____

提升酒店經理的領導素質

酒店經理有效運用職位權力和個人權力，有效運用權力使用技巧，形成自己的領導藝術風格，這一切建立在培養和提高領導素質的基礎之上。

在美國有調查顯示，很多酒店業員工認為他們的經理缺乏領導素質，需要大大提高領導素質和能力。雖然中國沒有類似的調查，但表2-29所列出的酒店經理素質不高的表現您覺得陌生嗎？

表2-29 酒店經理素質不高的表現

◆ 當眾批評員工

◆ 不能有效進行人員配置

◆ 說下流話或講下流故事

◆ 不能兌現承諾

◆ 不支持自己的員工

◆ 對員工不公平

◆ ......

您認爲酒店經理還有哪些素質不高的表現?

◆ _____

◆ _____

案例分析:

　　一天中午,廚師長哈瑞德發現廚師李明煮的蹄膀快要燒乾了,而他去員工餐廳用餐還沒回來。哈瑞德很是生氣,他跑進員工餐廳,一眼看到廚師李明正在那裡與別的員工又說又笑。他氣壞了,跑到李明面前指著他的鼻子大聲地說道,「您還好意思笑呀,看看您煮的蹄膀吧,已經燒乾了!」餐廳裡所有人都停下手中的餐具,把目光集中到了李明和哈瑞德的身上。廚師李明灰溜溜地逃出員工餐廳回到廚房。

　　廚師長哈瑞德的做法是素質高的做法嗎?你認爲他應該麼做?

◆ _____

◆ _____

表2-30列出了酒店經理應該具備的領導素質及其說明和舉例。對照一下自己,看看是否有需要提高的地方。

表2-30 酒店經理應該具備的領導素質及其說明和舉例

領導素質	說　明	舉　例
自信	◆優秀領導人具有自信心和堅定的信念 ◆不怕失敗 ◆在日常工作中獲取走向成功的能力	◆人事部經理杰茜自學三年取得英語本科文憑。爲了增強自己的自信心,她參加酒店組織的英語演講大賽。現在,她不僅能用英語與管理層交流,還能寫英文報告,寫通知,她對自己的英語水平更加自信

續表

領導素質	說　明	舉　例
責任感	◆負責，做一個有責任感的經理 ◆不能把成就歸自己，把錯誤歸員工 ◆勇於承認錯誤 ◆勇於承擔責任	◆ 廚師湯姆用過午餐回來，看到廚房擠滿了人，餐廳經理、餐飲部經理、值班經理都在。湯姆意識到自己離開時忘了關火，油鍋起火了，好在及時發現，很快撲滅了。他知道自己闖了大禍，恨不得鑽到地縫裡去。廚師長佛朗西斯卡大聲說，「是我的錯，大家先回去吧，我會寫報告交上去。」湯姆舒了口氣，「感謝廚師長，明明是我的錯呀，這輩子做牛做馬也要跟他一起工作。」
強烈的成功慾	◆為自己建立一個高標準高期望值 ◆為員工建立一個可實現的期望值 ◆向員工表明希望員工得到成功的願望 ◆幫助員工獲得達到這些標準要求的技能	◆西餐廳經理羅杰提升為西餐廳經理之前曾向餐飲總監李歐先生提出到西廚房工作一段時間的提議。李先生非常支持，於是羅杰在西廚房實習了三個月，基本了解了西餐的製作流程與品質和成本控制方法。這對他提升為西餐廳經理很有幫助
專業知識	◆ 優秀的領導人深知教育的價值 ◆ 不斷地學習 ◆ 不斷地提高自己的文化及專業技能	◆餐廳服務員雪莉由於技能培訓業績突出被提升為培訓經理。他把自己在「專升本」酒店管理專業學習的知識運用到培訓工作中，開出的督導技能課很受員工歡迎。考上MBA班後學到了互動培訓法，她也在培訓中加以應用。員工都喜歡她的培訓課
制定可實現目標的能力	◆ 設立短期和中期目標 ◆ 做後備計劃，以防萬一	◆人力資源經理珍妮為餐飲部員工制訂了到新加坡旗艦酒店培訓半年的計劃，只要員工在酒店功滿兩年並通過英語口語水平測試，就可以報名參加
分析能力	◆有效率的領導人總是在危機發生之前就尋求更好的解決辦法，防患於未然，把問題消滅在萌芽中	◆西餐廳經理羅杰經常對餐廳員工流動率與酒店平均員工流動率進行比較，將西餐廳員工勞動生產率與酒店其他部門及行業進行對比，並向員工宣布，員工士氣很高

續表

領導素質	說　明	舉　例
判斷能力	◆ 良好的判斷力來自於常識和基本智力 ◆ 良好的判斷力是指在所有可行方案中，選擇最佳方案的能力	◆ 來自美國的健身房經理艾塔，提出健身俱樂部出售消費卡的方案。方案在例會上一提出，就得到各部門經理的反對，而總經理卻很支持，認為現在人們注重健康鍛鍊，又有公司購買力支撐，行得通。不到三個月，俱樂部售出300張會員卡，還帶動了酒店餐飲消費
創新能力	◆ 具有創新精神，具有使用新方法的動力，接受改進工作的新舉措 ◆ 鼓勵員工出謀劃策，採納員工的建議，給員工以鼓勵	◆ 工程部經理查理，在工作中特別重實施節能措施，為酒店節省了能源費用，使得酒店的能源費用占收入比重在全集團150間酒店中最低。他成了酒店節能專家
充滿能力	◆ 保持充沛的精力，充滿活力 ◆ 坐如鐘，站如松，行如風	◆ 酒店業工作時間長，任務細緻，但酒店業經理能夠始終保持活力，面帶微笑，態度溫和，給人一種有修養的印象
理解他人之能力	◆ 優秀的領導人具有理解他人的能力，即感受他人之感受的能力 ◆ 關心他人，能與大家融洽相處 ◆ 幫助員工，與大家關係密切	◆ 新員工小芳在酒店西餐廳工作快一年了。有天輪到她做晚餐收尾工作，已經10點多了。餐飲總監李歐先生從廚房檢查工作出來，對小芳說：「小芳都可以單獨值班了，很能幹呀，辛苦了。」小芳心裡熱呼呼的，李先生怎麼知道我的名字？「這是我的工作，不辛苦呀。」
樂觀	◆ 擁有樂觀的態度，遇事往好處想 ◆ 愉快的心情激勵著員工也鼓舞自己 ◆ 面帶微笑，積極樂觀的態度溢於言表	◆ 參加酒店開業的美國顧問巴林先生，與員工一道吃了三個月的便當，每次吃飯時他總是邊吃邊說「It is delicious, it is delicious!」(好吃，好吃，真好吃!)多麼樂觀、快樂的酒店經理
思想開放	◆ 擁有開放的思想 ◆ 接受新事物 ◆ 接受新觀念 ◆ 敞開大門，歡迎並接受員工的意見	◆ 西餐廳經理羅杰向餐飲總監李先生提出做年夜飯的建議。中國人除夕團圓在家吃年夜飯，酒店做年夜飯能行嗎?但李先生同意羅杰試試看 ◆ 結果「除夕團圓晚會」賣出100多桌!晚會上演酒店員工自編自演的小節目，部門經理穿唐裝提燈籠向賓客拜年發紅包，氣氛熱烈。之後，各家酒店紛紛效仿，中國人在家的除夕團圓飯從此搬到了酒店

快速提高領導素質的方法

領導素質與領導技能是可以在工作實踐中培訓，在實踐工作中不斷提高的。表2-31列出了酒店經理快速提高領導素質的方法。

表2-31 酒店經理快速提高領導素質的方法

◆ 學會從全局看問題，其他部門是如何運作的？部門如何支持酒店企業的運轉

◆ 選擇一位自己敬重的、具有領導人素質的「職業導師」，向他請教或是學習有關領導藝術風格的問題，效仿其領導技能

◆ 在同事、屬下以及賓客的面前永遠支持自己的老闆

◆ 注意自己的身心健康

◆ 三思而後行

◆ 考慮員工的情緒

◆ 設定及實現目標

◆ 讓員工感到受重視，維護員工利益，支持員工

◆ 積極樂觀

◆ 壓力之下保持冷靜

您還有哪些快速提高領導素質的建議？請舉例說明。

◆ _____

◆ _____

「您的工作總是做在我前面，謝謝您！」

　　西餐廳經理羅杰希望自己能夠像餐飲總監李歐先生那樣與人打交道、處理問題。他很欽佩李先生的個人魅力，常常會效仿他的行為。

　　這天早上，他接到李先生的電話。

　　「早安，李先生。」他從電話顯示裡看出這是李先生的電話。

　　「早安，羅杰，能幫我一個忙嗎？」李先生在電話那頭說。

　　「沒問題，只要我能辦到的。」羅杰連忙說。

「那太好了，我們酒店的人力資源季報表明天就要交了，您看是不是抓緊時間把西餐廳的報上來？」

羅杰很感動，李先生本來是催報表，可說成幫他一個忙。他急忙說：「對不起，李先生，報表我已經填好了，馬上給您送過去。」

李先生說：「您的工作總是做在我前面，謝謝您。」

每個季度末向集團總部提交的人力資源管理報表是由各部門分別填好再由總經理辦公室彙總。西餐廳經理羅杰欽佩李先生這種不批評反而表揚的做法，欽佩這種善待、感激屬下工作的品質。

羅杰暗下決心，在以後的日常工作中學習李先生的領導藝術風格，效仿他對待員工的態度和行為。

‖ 領導藝術達標測試

下面關於領導藝術的測試問題，用於測試您的領導藝術水準。在「現在」一欄先做一遍，兩週後、四週後分別再做一遍這些測試題，看看自己的領導藝術是否有進步。提高自己的領導藝術水準，做一名有自己獨特領導藝術風格的酒店經理。

現在	兩週後	四週後	測試問題
☐	☐	☐	1.我知道酒店經理手中的權力是哪裡來的
☐	☐	☐	2.我知道酒店企業賦予經理的權力有哪些
☐	☐	☐	3.我知道來自酒店經理的個人權力有哪些
☐	☐	☐	4.我知道員工對權力的四種接受方式是什麼
☐	☐	☐	5.我知道酒店經理權力運用與員工對權力接受的關係
☐	☐	☐	6.我知道酒店經理如何強化職位權力
☐	☐	☐	7.我知道酒店經理如何增進個人權力
☐	☐	☐	8.我知道有效運用權力的八項技能是什麼
☐	☐	☐	9.我知道酒店經理該擁有什麼樣的領導藝術
☐	☐	☐	10.我知道專制式的領導藝術及其適用與不適用的場合
☐	☐	☐	11.我知道官僚式的領導藝術及其適用與不適用的場合
☐	☐	☐	12.我知道放權式的領導藝術及其適用與不適用的場合
☐	☐	☐	13.我知道民主式的領導藝術及其適用與不適用的場合
☐	☐	☐	14.我知道四種領導藝術風格的優勢是什麼
☐	☐	☐	15.我知道四種領導藝術風格的不足有哪些
☐	☐	☐	16.我知道酒店經理如何選用適合的領導藝術風格
☐	☐	☐	17.我知道影響酒店經理領導藝術的因素是什麼

續表

現在	兩週後	四週後	測試問題
☐	☐	☐	18.我知道酒店經理的領導素質指什麼
☐	☐	☐	19.我知道如何形成自己的領導藝術風格
☐	☐	☐	20.我知道快速提高酒店經理領導素質的方法

合計得分：

管理技能篇

美國註冊飯店高級職業經理人培訓之中……

（新博亞酒店培訓提供）

第三章 時間管理——做一個輕鬆的經理

本章概要

時間管理技能水準測試

時間與金錢

使用備忘錄

備忘錄的形式

備忘錄的內容

使用備忘錄的案例

關於使用備忘錄的練習

要事第一

80/20現象

確定要事

確定「重要」與「緊急」的標準

確定要事的案例

關於確定要事的練習

要事必須完成

授權

為什麼不願授權

是否需要授權

授權方式

五步授權法

授權案例

關於授權的練習

贏得時間的技巧

找出浪費時間的原因

贏得時間的技巧

指導員工有效管理時間

時間管理的原則

壓力與減壓法

壓力的來源

減壓的方法

時間管理技能達標測試

培訓目的

學習本章「時間管理──做一個輕鬆的經理」之後，您將能夠：

☆學會如何使用備忘錄

☆做到要事第一

☆學習並掌握授權步驟

☆掌握贏得時間的技能

‖ 時間管理技能水準測試

下面關於時間管理技能水準測試問題，用於測試您的時間管理技能。選擇「知道」為1分，選擇「不知道」為0分。得分高，說明您對時間管理技能理解深刻，可能在工作中加以運用；得分低，說明您有學習潛力，學到時間管理的技能，將來會在工作中加以運用。

知道	不知道	測試問題
☐	☐	1.我知道時間與金錢的關係
☐	☐	2.我知道備忘錄有哪些形式，紀錄哪些內容
☐	☐	3.我知道如何使用備忘錄
☐	☐	4.我知道什麼是80/20現象
☐	☐	5.我知道確定要事的方法
☐	☐	6.我知道為什麼要事必須完成
☐	☐	7.我知道如何完成要事
☐	☐	8.我知道確定「最重要」與「最緊急」的標準
☐	☐	9.我知道經理為什麼不願授權
☐	☐	10.我知道如何確定是否要授權
☐	☐	11.我知道授權的三種方式
☐	☐	12.我知道如何通過五步授權法授權
☐	☐	13.我知道如何找出浪費時間的原因
☐	☐	14.我知道贏得時間的技巧有哪些
☐	☐	15.我知道如何指導員工有效管理時間
☐	☐	16.我知道時間管理的原則是什麼
☐	☐	17.我知道時間管理就是使用時間的技能管理
☐	☐	18.我知道為什麼要向員工授權以及如何授權
☐	☐	19.我知道如何利用最佳工作時間
☐	☐	20.我知道在向員工授權時如何交代工作任務

合計得分：

‖ 時間與金錢

假設您銀行的帳戶每天清晨進帳8.6萬元人民幣，這筆錢任您支配，任您花，只是必須當天用完，即使沒用完，過了晚間12點也不再屬於您了。無論是您把當天的錢全部用完，還是分文未動，次日清晨，您的銀行帳戶照常還會進帳8.6萬元！

您想每天怎樣使用這筆錢呢？

其實，這筆錢就是每天的時間——8.6萬秒，一秒不多，一秒也不少。今天8.6

萬秒過去了，明天的8.6萬秒又來了。人們用心管理自己的金錢，計劃每一筆錢的用途，但對於一去不復返的時間卻沒有那麼在意。高效的經理要像管理金錢一樣管理自己的時間！

時間管理指的是時間的使用方法和使用技能。時間管理技能不高的表現就是時間不夠用。表3-1列出了酒店經理在工作中時間不夠用的一些現象，您有過類似現象嗎？

表3-1 酒店經理時間不夠用的現象

◆「我今天忙得連上廁所的時間都沒有!」
◆「我真的忙死了，連午飯都誤了時間!」
◆「上班太忙了，我不得不把一些文字性的工作帶回家去做。」
◆「對我來說，加班是家常便飯」
◆「我幾乎每天都不能按時下班。」
◆「真有做不完的工作。」
◆「酒店工作沒法計劃，突發事件太多。」
◆「我很少授權，因為沒人能勝任這些工作。」
◆「突發事件太多，計畫總是受到干擾。」
◆……
您有過這樣的情況嗎?還出現過哪些情況?請舉例說明。
◆ _____
◆ _____

酒店經理感覺時間不夠用，說明您是一位有責任心的經理，也說明您的時間管理技能有待提高。提高時間管理技能的第一步是學會使用備忘錄。

使用備忘錄

備忘錄，是酒店經理用來提醒自己每天處理事務的記錄和提示。經理可使用各種形式的備忘錄，有效記錄提示自己當天應該做的工作。

備忘錄的形式

有效使用備忘錄，是經理管理時間的基本技能。表3-2列出了備忘錄的形式及其使用說明。

表3-2 備忘錄的形式及其使用說明

備忘錄的形式	使用說明
記事本	◆ 可大可小，形式多種多樣 ◆ 將每天事務記下來，提示當天要做的工作 ◆ 起檔案作用，便於以後查閱 ◆ 多用於開會、培訓 ◆ 也用於記錄重大事件
信籤紙	◆ 記錄當天的工作 ◆ 也可以是印刷的有固定格式的活頁紙 ◆ 方便攜帶 ◆ 多用於檢查工作
電腦	◆ 方便快捷，容量大，也可做檔案查詢 ◆ 方便那些經常在電腦前工作的人使用 ◆ 有提示功能，方便將事情進行分類 ◆ 可時刻了解事情的完成狀態，便於對工作任務進行「輕重緩急」的分組
手機	◆ 隨身攜帶，使用方便 ◆ 已經完成的工作可以作「完成」標記 ◆ 有手機的人都可以啟用備忘錄功能
檯曆(桌曆)	◆ 有日期，可以用作計劃，也可以用作檢查 ◆ 方便經常在辦公桌前工作的人使用
月曆	◆ 可記錄一週和一個月之內的重大事宜，有前瞻性 ◆ 方便作週計畫和提前準備 ◆ 方便作月計畫，並將事情分段進行

您在工作中還使用過哪些形式的備忘錄?請舉例說明。

◆ _____

◆ _____

備忘錄的內容

有些經理喜歡在每天下班前把第二天要做的工作記錄到備忘錄上，順便檢查一

下當天的工作，把當天未完成的工作也記錄到第二天的工作備忘錄中。有些經理喜歡在每天上班時使用備忘錄，把一天要做的工作列下來；下班時再拿出來檢查一下，並把未完成的工作列到第二天的備忘錄中。

備忘錄記錄的是當天要做的各項工作任務。表3-3列出了備忘錄的主要內容及其說明。

表3-3 備忘錄的主要內容及其說明

備忘錄的內容	說　明
工作說明書中的工作任務	◆ 工作說明書中每天、每週以及每月要完成的工作 ◆ 那些履行職責所必須完成的工作任務 ◆ 工作任務要具體，不宜籠統
工作說明書中未標明，但需要完成的工作	◆ 工作說明書中未標明的，但要完成的固定工作任務以及臨時工作任務
管理層臨時交辦的工作任務	◆ 未列進工作說明書中的，管理層臨時交辦的一些工作任務
與工作有關或無關的其他事情	◆ 與工作有關的事情，如學習，培訓等 ◆ 與工作無關的事情，如家庭朋友等
前一天未完成的工作任務	◆ 把昨天未完成的但需要完成的工作任務加進當天備忘錄中

您認為在備忘錄中還應記入哪些內容?請舉例說明。

◆ _____

◆ _____

使用備忘錄的案例

西餐廳經理羅杰雖然是新任經理，但使用備忘錄卻是在做主管時養成的習慣。表3-4列出了經理羅杰10月25日使用備忘錄的情況。

表3-4 西餐廳經理羅杰10月25日備忘錄

任務來源	10月25日要做的工作
工作說明書中的工作任務	◆ 為員工下週排班表，其中兩位員工要求休假 ◆ 為三名已轉正員工做「為賓客點菜技能」培訓 ◆ 五號餐桌報修 ◆ 與廚師商量宴會菜單 ◆ 上週婚宴客人投訴信的處理 ◆ 員工李強與武勝之間鬧矛盾，暫時未影響到工作 ◆ 參加餐飲部管理人員例會 ◆ 主持餐前會 ◆ 做每日工作紀錄 ◆ 檢查餐廳衛生與安全及外觀 ◆ 燈泡報修更新 ◆ 陪同防疫站檢查人員檢查餐廳及廚房衛生 ◆ ……
工作說明書中未標明， 但需要完成的工作	◆ 與兄弟酒店落實12張10人桌桌椅借用事宜 ◆ 與洗衣房落實12張10人桌桌布增加事宜 ◆ 與旅遊學校落實30名學生作臨時服務員的進店時間及工作服問題 ◆ ……
管理層臨時交辦的工作任務	◆ 安排星級考評團接待事宜 ◆ 與銷售部協商省政府招待會菜單事宜 ◆ ……
與工作有關或 無關的其他事情	◆ 給醫院打電話，重新預約看牙時間 ◆ 給女朋友小麗打電話，提醒交上網費 ◆ ……
前一天未完成的工作任務	◆ 對臨時服務員的餐間服務培訓 ◆ 與工程部與宴會主辦人一道查看沙灘搭設舞台事宜 ◆ ……

關於使用備忘錄的練習

表3-5列出的是關於使用備忘錄的練習，在左邊列出任務的來源，在右邊列出當天要做的工作。請參照表3-4的形式，完成表3-5的練習。

表3-5 關於使用備忘錄的練習

任務來源	要做的工作
工作說明書中的工作任務	◆ _____ ◆ _____
工作說明書中未標明， 但需要完成的工作	◆ _____ ◆ _____
管理層臨時交辦的工作任務	◆ _____ ◆ _____
與工作有關或無關的其他事情	◆ _____ ◆ _____
前一天未完成的工作任務	◆ _____ ◆ _____

要事第一

備忘錄裡列出的各項工作任務，是酒店經理準備在當天完成的事情。無論酒店經理如何抓緊時間，通常都無法親自完成每天備忘錄中所列出的全部事情。在時間管理中有一個80/20現象，您注意到了嗎？

80/20現象

據觀察，在酒店經理一天繁忙的事務中，重要的事情往往只占20%，次要的事情占80%。這就是80/20現象。説的是，經理每天工作80%的價值，往往只體現在20%的最重要的工作上。

重要的事情少，次要的事情多，這是一個普遍現象。人們在工作和社會生活中所取得的成績中，80%的收穫來自於20%的付出，而我們所花費的80%的時間和所付出的80%的努力卻只獲得20%的成果。

80/20現象告訴我們，在酒店經理的投入和產出、努力和收穫之間，普遍存在

著不平衡的關係。抓住重要的20%的工作，就可以獲得80%的效益和成果。如果酒店經理能夠找出產生80%收穫的是哪些「要事」，那不就「事半功倍」了嗎？

確定要事

在酒店經理每天的備忘錄中，哪些事是要事呢？圖3-1列出了酒店經理根據工作任務的重要程度以及緊急程度確定要事的方法，以及「輕重緩急」的完成順序。

從圖3-1中可以看出，那些重要性和緊急性都偏低的工作任務是「次要事」，處於「輕」的位置上不急於完成。

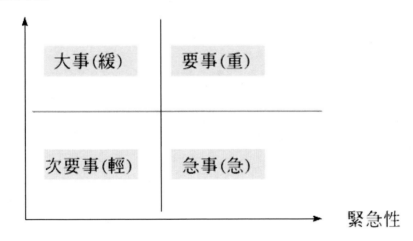

圖3-1 確定要事及完成順序圖示

那些重要性和緊急性都很高的工作任務可以看做是「要事」，也就是值得投入的可以獲得80%收益的事情。這些「要事」必須完成。

重要性很高，但緊急性偏低的工作任務稱作「大事」，事情雖然大，但不急，可以「緩」一步完成。

緊急性很高，而重要性偏低的工作任務是「急事」，雖然不重要，但「急」意味著要盡快完成。

確定「重要」與「緊急」的標準

「要事」根據「重要性」與「緊急性」確定。問題是，如何確定重要性與緊急性。工作任務沒有貼著「重要」或「緊急」的標籤。對經理來說，每項工作任務都有一定的時間要求，都有一定的重要性。表3-6列出了確定重要性與緊急性的參考標準。

表3-6 確定重要性與緊急性的參考標準

◆ 有關對客服務問題
◆ 您最關注的問題
◆ 您最關心的問題
◆ 您為之前而存在的問題
◆ 如果您規勸別人一些遵循的原則，這些原則是什麼？
◆ 今後5年您想成就什麼？
◆ ⋯⋯
您認為還有哪些確定重要性與緊急性的標準？請舉例說明。
◆ _____
◆ _____

西餐廳經理羅杰確定要事的案例

確定要事是時間管理的一項技能。根據表3-4，西餐廳經理羅杰10月25日的備忘錄內容，表3-7是西餐廳經理羅杰的備忘錄確定要事的案例。

表3-7 西餐廳經理羅杰確定要事的案例

大事(緩)	要事(重)
◆ 為員工做下週排班表，其中兩位員工要求休假 ◆ 給三名已轉正員工做「為賓客點菜技能」培訓 ◆ 與銷售部協商省政府招待會菜單事宜 ◆ 對臨時服務員的餐間服務培訓 ◆ ……	◆ 與廚師長商量宴會菜單 ◆ 上週婚宴客人投訴信的處理 ◆ 參加餐飲部管理人員例會 ◆ 主持餐前會 ◆ 安排星級考評團接待事宜 ◆ ……
◆ 員工李強與武勝之間鬧矛盾，暫時未影響到工作 ◆ 做每日工作紀錄 ◆ 給女朋友小麗打電話，提醒要交上網費 ◆ 檢查餐廳衛生與安全及外觀 ◆ ……	◆ 5號餐桌報修 ◆ 燈泡報修更新 ◆ 陪同防疫站檢查人員檢查餐廳及廚房衛生 ◆ 與兄弟酒店落實12張10人桌桌椅借用事宜 ◆ 與洗衣房落實12張10人桌桌布增加事宜 ◆ 與旅遊學校落實30名學生做臨時服務員的進店時間及工作服問題 ◆ 給醫院打電話，重新預約看牙 ◆ 與工程部與宴會主辦人一道查看沙灘搭設舞台事實 ◆ ……

關於確定要事的練習

完成表3-8，就您最近一天的工作進行確定要事的練習。

表3-8 關於確定要事的練習

大事(緩)	要事(重)
◆ ＿＿＿＿＿＿＿＿＿	◆ ＿＿＿＿＿＿＿＿＿
◆ ＿＿＿＿＿＿＿＿＿	◆ ＿＿＿＿＿＿＿＿＿
◆ ＿＿＿＿＿＿＿＿＿	◆ ＿＿＿＿＿＿＿＿＿
◆ ＿＿＿＿＿＿＿＿＿	◆ ＿＿＿＿＿＿＿＿＿
次要事(輕)	**急事(急)**
◆ ＿＿＿＿＿＿＿＿＿	◆ ＿＿＿＿＿＿＿＿＿
◆ ＿＿＿＿＿＿＿＿＿	◆ ＿＿＿＿＿＿＿＿＿
◆ ＿＿＿＿＿＿＿＿＿	◆ ＿＿＿＿＿＿＿＿＿
◆ ＿＿＿＿＿＿＿＿＿	◆ ＿＿＿＿＿＿＿＿＿

要事必須完成

確定要事法，幫助經理找到了能夠取得80％成效的那20％的工作任務。一旦確定了要事，就必須完成。

每天的工作要從要事開始，從那些既重要又緊急的工作開始，並且儘量使您在處理要事時不受打擾。

有些急事，雖然不重要，但因為急，有時間要求，也要優先處理。

要事必須完成。把當天或第二天的要事排列出來一項一項地完成，一項做完再做下一項，直到要事完成為止。做完要事後，可重新檢查工作任務的重要性和緊急性，重新進行要事排列，再從完成要事開始。即使要事耗費了您太多的時間，您也用不著擔心。只要您手中完成的是要事，您就應該一直堅持做下去。將要事必須完成的方法變成您每天的工作習慣，您就會發現它的美妙之處。表3-9列出了要事必須完成的技巧。

表3-9 要事必須完成的技巧

◆ 將自己的工作時間按「輕重緩急」進行不同比例的分配

◆ 80%的時間和精力用於要事(重)

◆ 20%的時間和精力用於大事(緩)、急事(急)、次要事(輕)

續表

◆ 如果要事完成得好，就會減輕以後的工作壓力

◆ 處理完急事後，要儘快回到要事上來

◆ 學會授權，授權員工完成任務

◆ ……

您認為還有哪些要事必須完成的技巧?請舉例說明。

◆ _____

◆ _____

　　無論您怎麼準確地確定要事，也不可能事必躬親完成所有的工作任務。時間管理的另一個技能是授權，授權員工完成工作任務。

‖ 授權

　　授權是一種權力分離的形式，即把職責分配給員工，由員工擔當起相應的職責或決策權。授權也是有效利用手中權力的方式，即，酒店經理仍然對所授權的工作負最終的職責。

　　酒店經理要把授權看做是一種權力使用過程——透過對他人施加影響，使他人承擔更大的職責，實際上是對他人所從事的工作行使更大的權力。

　　為什麼不願授權

　　很多酒店經理表示自己願意授權給員工，但有些工作任務太重要了，不得不親自去完成。表3-10列出了酒店經理不願授權的原因。

表3-10 酒店經理不願授權的原因

◆「這項工作太重要了，一定要圓滿完成，所以要親自去做，不能分配給員工。」

◆「我是唯一能夠準時準確完成這項工作任務的人，不自己做怎麼辦呢?」

◆「不放心員工去做，擔心把事情搞砸了。」

◆「有培訓與指導員工的時間，我自己早就把事情做完了。」

◆「培訓?這可不是一次兩次就能培訓出來的。」

◆「我一向追求完美，員工做事我看不上。」

◆......

您認為酒店經理不願授權的原因還有哪些?請舉例說明。

◆ _____

◆ _____

是否需要授權

酒店經理授權的目的並非僅僅是時間管理的需要，僅僅是為了節省時間或追求員工工作速度。

酒店經理的工作是管理員工，而不是去做屬於員工的工作。表3-11列出了酒店經理是否需要提高授權技能的測試。

表3-11 是否需要提高授權技能測試

◆ 我經常加班完成一些報表類的工作

◆ 我經常把工作帶回家做，尤其是文字性的工作

◆ 我的工作時間當然要比屬下員工工作時間長

◆ 我有很多重要的工作來不及做

◆ 我有過完不成工作任務的情況

◆ 我把大部分時間用在員工可以做的日常性事務中

◆ 我不得不事必躬親

◆ 我經常要回答員工如何完成工作的問題

◆ 我要是三天不在辦公室，收文籃裡就堆滿了待處理的文件

◆ 我的工作時間比一般人的工作時間要長得多

◆ ……

您還有過哪些類似情況？分別是什麼原因造成的？

◆ _____

◆ _____

您有過以上情況出現嗎？回答「是」的次數超過五次，說明您需要學習與提高自己的授權的技能；回答「是」的次數不足五次，說明您已經在實踐授權技能，但仍須提高。

授權方式

經理授權的主要目標是開發員工的能力和才幹，是向員工提供個人和職業發展機會。授權是與員工分享權力，為員工提供做好工作必備的培訓和指導。善於使用授權技能的酒店經理，比那些耗盡精力、事必躬親的經理做得更好，提升得更快，培養的員工也更多。

表3-12列出了授權的三種方式及其說明。瞭解授權方式，根據員工的具體情況與員工進行權力分享，員工會更願意承擔新的職責。

表3-12 授權的三種方式及其說明

授權方式	說　明
完全授權	◆ 將全部職權和職責授予員工 ◆ 員工有權採取措施完成所要完成的工作任務 ◆ 不需要向經理請示報告
不完全授權	◆ 將全部職權和職責授予員工 ◆ 員工必須向經理請示報告所採取的完成工作任務的措施
部分授權	◆ 將部分職責和職權授予員工 ◆ 員工有權採取某些措施完成所要完成的工作任務 ◆ 除此以外的工作，要向經理請示報告

您在工作中使用過哪種授權方式?請舉例說明。

完全授權

◆ _____

◆ _____

不完全授權

◆ _____

◆ _____

部分授權

◆ _____

◆ _____

五步授權法

酒店經理在授權過程中可以採取任何適合自己和員工的授權方式。表3-13列出了酒店經理常用的五步授權法及其說明。

表3-13 五步授權法及其說明

五步授權法	說　明
1.明確授權任務	◆ 授權之前，明確將要授權的工作任務 ◆ 確定完成任務的預期目標 ◆ 完成任務所需資源 ◆ 完成任務所需的合作與支持 ◆ 員工是否有完成工作任務方法的選擇權

五步授權法	說　明
2.確定完成期限	◆ 完成任務期限要切實可行，具有可操作性 ◆ 時間太緊，無法完成，打擊了授權員工的積極性 ◆ 時間太寬裕，缺乏挑戰性，不利於培養員工
3.確定授權人選	◆ 選擇有能力和技能完成此項工作任務的員工 ◆ 將員工能力與工作量大小，授權事宜的重要性進行平衡 ◆ 萬一不成功，要有補救措施
4.交代工作任務	◆ 表達對員工的信任 ◆ 申明授權工作任務的重要性 ◆ 鼓勵員工提問題，聽取員工關於如何完成工作任務的建議 ◆ 明確員工授權的方式，完全授權、不完全授權還是部分授權 ◆ 對完成工作任務的期限進行討論 ◆ 告訴員工自己隨時幫助解決問題 ◆ 感謝員工
5.保持持續支持	◆ 在授權過程中，經理要給員工支持 ◆ 經常檢查工作的進展情況 ◆ 表揚員工的出色工作，幫助員工建立自信 ◆ 授權任務完成後，要對員工的貢獻加以認可

授權案例

西餐廳經理羅杰決定，將沙灘燒烤晚會的工作任務授權給主管漢森負責。表3-14列出了經理羅杰對主管漢森的授權過程。

表3-14 西餐廳經理羅杰的授權案例

五步授權法	授權案例
1.明確授權任務	◆ 西餐廳經理羅杰接到三個西餐宴會訂單，其中一個是沙灘燒烤晚會，他決定授權主管漢森負責沙灘燒烤晚會 ◆ 授權任務是一個400人的沙灘燒烤晚會 ◆ 羅杰決定採用完全授權方式將所有職責和權力都交給主管漢森負責
2.確定完成期限	◆ 宴會廳經理羅杰決定提前七天將沙灘燒烤的工作任務分配給漢森 ◆ 因為要採購原料，還要到其他餐廳借用員工 ◆ 員工七天一排班，提前通知，避免人手緊張

五步授權法	授權案例
3.確定授權人選	◆ 400人的沙灘燒烤是一個非常重大的工作任務，涉及3萬多元的收入 ◆ 由於是在室外，加大了工作及服務難度 ◆ 漢森有兩次協助羅杰經理成功組織沙灘燒烤的經驗 ◆ 他的臨時應變能力特別強 ◆ 西餐廳噴淋系統失控那次，就是他提出迅速將所有賓客轉移到咖啡廳的建議
4.交代工作任務	◆ 宴會廳經理羅杰向主管漢森授權，強調這次工作任務的重要性，這是電信部門的第三次年終宴會 ◆ 羅杰把宴會菜單拿給漢森看，徵求他的意見 ◆ 他們還商量了到各餐廳借用人手的事 ◆ 羅杰強調這次沙灘燒烤任務是全權授權，包括採購、人手配備、出品和服務 ◆ 羅杰說，我就在您身邊，無論什麼時間您遇到困難都可以來找我 ◆ 前兩次沙灘燒烤的成功有您很大的功勞，相信這次您獨立運作，一定會成功的 ◆ 謝謝您，還有什麼問題嗎
5.保持持續支持	◆ 西餐廳經理羅杰在採購環節中給予漢森很多建議 ◆ 到各餐廳借用人手時，漢森遇到了困難，要借的人手多，年末各個餐廳的人手都很緊張 ◆ 漢森與西餐廳經理羅杰商量到旅遊學校借用學生做實習服務員的建議 ◆ 漢森曾在暑假期間培訓的30位學生剛好可以派上用場 ◆ 沙灘燒烤晚會非常成功，賓客給予很高的評價 ◆ 西餐廳經理羅杰表揚了漢森，表揚他的協調能力，以及創新能力，特別是使用在校學生做實習服務員的創舉 ◆ 漢森很快被提升為西餐廳經理助理 ◆ 西餐廳經理羅杰有了一個得力助手

您在工作中是按照五步授權法進行授權的嗎?請舉例說明。

◆ _____

◆ _____

關於授權的練習

考慮一下，將一項工作任務授權給員工完成。根據表3-15列出的五步授權法進行練習，並在實際工作中加以運用。

表3-15 關於授權的練習

五步授權法	練　習
1.明確授權任務	◆ _____ ◆ _____
2.確定完成期限	◆ _____ ◆ _____
3.確定授權人選	◆ _____ ◆ _____
4.交代工作任務	◆ _____ ◆ _____
5.保持持續支持	◆ _____ ◆ _____

贏得時間的技巧

有效管理時間，贏得時間的技巧之一是找出浪費時間的原因，有針對性地進行分析，以達到贏得時間的目的。

找出浪費時間的原因

時間不夠用的主要原因是浪費，所以要找出浪費時間的原因。浪費時間有經理本人的原因，也有來自於他人的原因。表3-16列出了酒店經理浪費時間的主要原因及其說明。

表3-16 浪費時間的主要原因及其說明

浪費時間的原因	說　明
拖延	◆ 對不喜歡或是棘手的事情採取拖延的做法 ◆ 拖延的做法占用了明天更多的時間 ◆ 拖延的事情越多，時間越長，越會引起其他問題

浪費時間的原因	說　明
找資料	◆ 文件、報告、資料不是有序地放在固定的地方 ◆ 要用資料的時候全部找一遍 ◆ 寶貴的時間花費在找東西找文件上
缺乏計劃性	◆ 缺乏每天、每週的工作計畫 ◆ 該做的事情沒有做，不得不打亂正常工作秩序，緊急補救
未分清工作主次	◆ 忙了一天，卻把最重要的事情忘記了 ◆ 一些文字性的工作要到上面催了才開始做 ◆ 最後一個完成的原因，是沒做時間安排
電話	◆ 有事的、請示的、投訴的、聊天的電話太多 ◆ 多數是個人電話或是其他經理閒聊
開會	◆ 原定的會議沒準時開，延長了會議時間 ◆ 計畫外的會議突然召開 ◆ 會議長而無效，占用了工作時間
突發事件	◆ 突發事件太多，事情出了就要去「救火」 ◆ 天天忙於「救火」，沒時間靜下來想想「防火」措施
忙於員工的工作	◆ 對員工工作不放心，一定要親自操作 ◆ 員工工作完成了，自己的工作卻沒完成
溝通有誤	◆ 員工未能正確理解經理意圖，做了錯事 ◆ 花時間糾正錯誤，耽誤了正事

您認為酒店經理還有哪些浪費時間情況？請舉例說明。

◆ _____

◆ _____

贏得時間的技巧

找出浪費時間的原因後，就可以有針對性地加以克服。表3-17列出了贏得時間的技巧及説明。

表3-17 贏得時間的技巧及説明

贏得時間的技巧	說　明
制訂計劃	◆ 每天早上提前15分鐘到公司，制訂當天的工作計畫 ◆ 當計劃被打亂時，完成其他工作後再回到計畫工作上來 ◆ 有計畫準備，做事效率高 ◆ 在辦公室備一些常用的參考資料，如報表、手冊和工具書等，需要時信手拈來
對占用自己時間過多的人多「不」	◆ 勇於對占用自己時間過多的人說「不」 ◆ 採取肯定態度，明確表示「等我把必須完成的事情完成再說」 ◆ 提供其他人選，讓雙方進行溝通 ◆ 讓對方知道，「我實在太忙了，這會兒不行」
固定時間安排	◆ 爲自己規定固定的時間做某些事情 ◆ 規定員工登門拜訪的時間 ◆ 規定不允許有人打擾的做要事的時間 ◆ 固定時間召開班前或班後會，員工可在會上提出需要解決的問題
電話長話短說	◆ 打出電話，事先準備電話內容，準備紙、筆、電話號碼等資料 ◆ 接聽或打出電話時，長話短說，重點在正事，禮貌而不客套 ◆ 應付不受歡迎的電話干擾，讓對方知道自己正忙著，有空再回覆電話 ◆ 把常用的的電話號碼本放在電話機旁 ◆ 使用自動撥號設置，以節省撥打電話的時間
利用最佳工作時間	◆ 每個人都有精力最充沛、能動性最高的時間段，這也是最佳工作時間 ◆ 把要事放在最佳工作時間處理 ◆ 把簡單的事情放在其他時間處理 ◆ 把最難做的事放在工作效率最高的時間做
當日事當日畢	◆ 當天的事不要推到明天 ◆ 上午的事不要拖到下午或晚上 ◆ 某項工作一旦開始，一鼓作氣地完成它
養成快速準時的習慣	◆ 準時開會準時結束 ◆ 遵守時間的規定

贏得時間的技巧	說　明
學會巧用時間	◆ 選在午餐前或下班之前開會,這樣會很快做出決定 ◆ 做文字工作前,先準備好所需要的資料 ◆ 遇到健談的人來訪,最好站著接待 ◆ 養成在會議、討論或重要談話時記錄要點的習慣,便於下次查找 ◆ 在工作場所掛一塊布告板,將一些決定通知員工,員工也可在上面提出不是很緊急的要求和問題
	您還有哪些贏得時間技巧?請舉例說明。 ◆ ＿＿＿＿＿＿＿＿＿＿＿＿＿＿＿＿＿＿＿＿＿＿＿＿＿＿ ◆ ＿＿＿＿＿＿＿＿＿＿＿＿＿＿＿＿＿＿＿＿＿＿＿＿＿＿

指導員工有效管理時間

　　員工管理時間的技能,取決於酒店經理管理時間的技能。酒店經理有責任幫助員工有效管理工作時間。表3-18列出了酒店經理指導員工有效管理時間的一些方法及其說明。

表3-18 指導員工有效管理時間的方法及其說明

指導員工的方法	說　明
以身作則	◆ 樹立一個有效管理時間的榜樣 ◆ 讓員工知道您注重時間管理
指出浪費時間的行為	◆ 指出員工浪費時間的具體行為 ◆ 指導員工如何節約時間 ◆ 「採購布草無須打報告,只要填寫布草申購單就行」
規定完成任務的時間	◆ 規定完成時間,帶有強制性,可保證完成效率 ◆ 規定完成時間要有品質要求
少開會‧開短會	◆ 會前做好議程準備,按時開會,按時結束 ◆ 開短會,向員工表明您的時間管理技能
聽取員工的意見	◆ 向員工徵求關於有效完成工作任務的意見 ◆ 聽取員工改進工作程序的意見 ◆ 如果可行的話,按員工的意見加以改進

續表

指導員工的方法	說　明
要求員工使用備忘錄	◆ 要求使用簡單的備忘錄 ◆ 要求員工優先完成要事
推廣員工的做法	◆ 當眾表揚那些能很好地利用時間的員工 ◆ 推廣員工時間管理的有效經驗

您還有哪些指導員工有效管理時間方法?請舉例說明。

◆ ＿＿＿＿＿＿＿＿＿＿＿＿＿＿＿＿＿＿＿＿＿＿＿＿＿＿＿＿＿＿＿

◆ ＿＿＿＿＿＿＿＿＿＿＿＿＿＿＿＿＿＿＿＿＿＿＿＿＿＿＿＿＿＿＿

時間管理的原則

表3-19列出了一些時間管理的原則及其說明，遵守時間管理原則，您將會更有效地管理自己的工作時間。

表3-19 時間管理的原則及其說明

時間管理的原則	說　明
堅持使用備忘錄	◆ 堅持使用任何形式備忘錄 ◆ 結合月曆制訂週計畫與月計畫
堅持要事第一	◆ 對備忘錄中要完成的工作任務進行「輕重緩急」劃分 ◆ 要事一定要完成
堅持授權	◆ 按照五步授權法授權 ◆ 時時總結授權的經驗與教訓
避免拖延	◆ 當日事當日畢，不拖延 ◆ 時刻提醒自己，時間與金錢一樣，一去不復返
追求工作效率	◆ 不要因為工作時間長而自豪 ◆ 要因為工作效率高而感到驕傲

您認為還有哪些高效的時間管理的原則?請舉例說明。

◆ _____

◆ _____

‖ 壓力與減壓法

　　服務業的發展，在全球範圍內呈持續上升勢頭。服務業的快速增長，對酒店業員工來說是好事。發展快意味著有更高的薪水、更好的福利、更多的晉升機會以及更穩定的工作保障在等待著酒店業的員工。

　　然而，服務業的快速發展也帶來了從業人員匱乏，更增加了管理人員的管理與工作壓力。

　　壓力，是生理上或心理上的一種緊張狀態，通常由人的常規生活的改變而引起。當代快節奏的工作給酒店經理們帶來了各種各樣的壓力。

　　壓力，讓原本不輕鬆的工作、生活變得更加緊張，也向經理們提出了如何克服壓力，保持旺盛的精力與應戰能力的挑戰。

壓力的來源

壓力無處不在，處處都是壓力的來源。來自工作的壓力，來自社會的壓力，來自自己每天生活的、家庭的壓力。就連快樂的事情，如旅行等也會產生壓力。表3-20列出了酒店經理可能的壓力來源。

表3-20 酒店經理可能的壓力來源

來自工作的壓力	來自社會的壓力
◆ 被解聘 ◆ 解聘員工 ◆ 接受或給予員工工作考評 ◆ 接受表揚或批評 ◆ 公眾演講 ◆ 感覺力不從心或大材小用 ◆ 與同事關係緊張 ◆ 與老闆關係緊張 ◆ 感覺不被認可，工作不如意	◆ 以前的同學晉升加薪 ◆ 以前的同事買了新車 ◆ 朋友們炒股票賺了大錢 ◆ 親戚朋友結婚 ◆ 親戚朋友買房 ◆ 有人拿到了MBA的學位 ◆ 有人辭職找到了一份薪水更高的工作 ◆ 交通不便，時間都浪費在路上 ◆ 徵繳小區停車費

續表

來自家庭的壓力	來自幸福生活的壓力
◆ 贍養父母老人需要錢 ◆ 談婚論嫁 ◆ 結婚 ◆ 生孩子 ◆ 孩子上幼兒園 ◆ 孩子上學校 ◆ 買房 ◆ 買車 ◆ 離婚	◆ 度假時誤了班機 ◆ 旅行時手機被搶 ◆ 泡溫泉時間過長暈了過去 ◆ 外出用餐結帳時與店家發生了不愉快 ◆ 到郊外春遊時小車拋錨在路邊，自己又不會修理 ◆ 休閒釣魚時掉進了水塘，弄得像個落湯雞 ◆ 購物刷卡時，被告知卡已透支被凍結
您認為酒店經理還有哪些壓力來源?請舉例說明。 ◆ _____ ◆ _____	

減壓的方法

雖然説壓力無處不在，經理在承受這些壓力之前卻大可想想辦法進行減壓！表 3-21列出了經理的一些常用的減壓方法。

表3-21 一些常用的減壓方法

◆ 向親密的朋友傾訴自己的問題及壓力
◆ 拿張紙或在電腦上把自己的問題及壓力寫下來
◆ 在電腦上開通「個人空間」或「部落格」，把問題及壓力拿出來，曬一曬
◆ 思考一下問題與壓力真的有那麼嚴重嗎?是不是太陽因此不會再升起
◆ 離開工作場所到餐廳或外面去用個午餐，換換心情
◆ 閉上眼睛，深深吸一口氣到腹部，再慢慢吐出，連續做10次
◆ 做幾個小運動，慢跑一下，或是跳幾下，釋放因緊張而聚集的能量
◆ 看看外面的綠色，觀察一下四季的變化，分散一下注意力
◆ 和他人聊聊天，說說笑話，放鬆一下心情
◆ 到洗手間去洗把臉，對著鏡子笑一笑
◆ 約朋友去唱卡啦OK，很好地發洩一下
◆ 到拳擊房去打拳，打一下說一聲:「我恨你！」
您認爲酒店經理還有哪些有效的減壓方法?請舉例說明。
◆ _____
◆ _____

時間管理技能達標測試

下面關於時間管理技能的測試問題，用於測試您的時間管理技能水準。在「現在」一欄做一遍後，分別在兩週、四週後再做一遍這些測試題，看看您的時間管理技能是否有進步。提高自己的時間管理技能，您一定會成為一名高效時間管理、輕鬆的酒店經理！

現在	兩週後	四週後	測試問題
☐	☐	☐	1.我知道時間與金錢的關係
☐	☐	☐	2.我知道備忘錄有哪些形式，記錄哪些內容
☐	☐	☐	3.我知道如何使用備忘錄
☐	☐	☐	4.我知道什麼是80/20法則
☐	☐	☐	5.我知道確定要事的方法
☐	☐	☐	6.我知道爲什麼要事必須完成
☐	☐	☐	7.我知道如何完成要事
☐	☐	☐	8.我知道確定「最重要」與「最緊急」的標準
☐	☐	☐	9.我知道經理爲什麼不願意授權
☐	☐	☐	10.我知道如何確定是否要授權
☐	☐	☐	11.我知道授權的三種方式
☐	☐	☐	12.我知道如何透過五步授權法授權
☐	☐	☐	13.我知道如何找出浪費時間的原因
☐	☐	☐	14.我知道贏得時間的技巧有哪些
☐	☐	☐	15.我知道如何指導員工有效管理時間
☐	☐	☐	16.我知道時間管理的原則是什麼
☐	☐	☐	17.我知道時間管理就是使用時間的技能管理
☐	☐	☐	18.我知道爲什麼要向員工授權以及如何授權
☐	☐	☐	19.我知道如何利用最佳工作時間
☐	☐	☐	20.我知道在向員工授權時如何交代工作任務

合計得分：

遊戲：要事第一

遊戲準備

1.遊戲時間：15分鐘

2.參加人數：全體學員

3.道具：裝在信封中的工作任務清單4份，裝在信封中的加急信4封

4.道具擺放：任務清單4份懸掛在培訓室上方，加急信放在櫃臺或約定的其他地方

遊戲規則

1.將團隊分成4個團隊，每個小組選取一名團隊長，由團隊長負責分配工作任務

2.團隊成員聽從團隊長的指令完成工作任務

3.四個團隊聽取培訓師的指令同時想辦法摘取懸掛在空中的「工作任務清單」

4.工作任務清單上的任務為：

a）向總經理提交一份參加本次培訓的培訓報告

b）準備一個3分鐘的演講稿，在班上演講

c）到簽到處簽到

d）給家裡打電話，自己出門時忘了關天然氣

e）到櫃臺或約定的其他地方取加急信

f）組織一個團隊口號及造型亮相

5.從櫃臺取來的加急信內容為猜字謎：

a）寒山寺上一棵竹

b）不能做稱有人用

c）此言非虛能兌現

d）只要友情雨下顯

e）天鵝一出鳥不見

6.最先完成的團隊為勝，計時其他團隊完成的時間，並相應加分

遊戲分析

1.各團隊長做3分鐘的演講總結遊戲成敗的原因

2.參賽選手談參賽體會

3.培訓師總結：

◆ 效率，完成時間

◆ 團隊合作，各團隊的成功要點

◆ 要事第一，是如何做的

◆ 授權，要由大家分頭完成

◆ 職責：員工完成的任務要由自己負責檢查和指導

第四章 溝通——讓能力表現出來

本章概要

溝通技能水準測試

溝通與溝通類型

溝通

溝通類型

溝通過程

溝通要素

溝通三要素

溝通要素與溝通過程

聲音要素

視覺要素

非語言溝通

語言要素

避免溝通失誤

聆聽

聆聽的不良表現

積極的聆聽

聆聽的步驟

鼓勵他人說話的技巧

在工作中給員工下指令

會議

溝通技能達標測試

培訓目的

學習本章「溝通——讓能力表現出來」之後，您將能夠：

☆瞭解溝通的類型

☆瞭解溝通過程

☆瞭解溝通的三要素

☆瞭解聆聽的積極和不良表現

☆學會在工作中對員工下指令

☆學會開高效會議

「好了，大家開始行動吧！」

「好了，在大家開始行動之前，我再總結一下今天的餐前會。」

5月24日下午4時，西餐廳經理羅杰主持的餐前會就要結束了。

「今天的廚師特選是紐約牛排，美國進口，上等無骨肉，新鮮味美。

英文表示為：Choice center cut of boneless, flavorful New York steak, fresh-cut and trimmed.

可選擇配菜有，烤鮮蘑菇、烤洋蔥，也可二者都選。

英文表示為：Choice of Saut ed Fresh Mushrooms, Saut ed Sweet Onions, and both.

建議酒水：

美國產羅伯特蒙德維紅葡萄酒和羅德斯特紅葡萄酒，也可推薦中國國產的長城紅葡萄酒和王朝紅葡萄酒。

英文表示為：Robert Mondavi Cabernet, Rodney Strong Cabernet from U.S.A. ／Chinese Great Wall and Dynasty Cabernet.

説到這裡，羅杰停頓了一下，他注意到當班的9名員工都在對照自己的筆記，心裡很高興，他接著説：「大家還有什麼問題嗎？」

「頭兒，我們的兒童菜單快用完了。」

説話的是易森，經理羅杰一聽他説話的腔調，氣就不打一處來，尤其是在稱他是「頭兒」時。但他那幽默的態度挺受賓客歡迎的，羅杰也因此而忍受了他。他也挺心細，兒童菜單是本餐廳的特色之一，確實快用完了。廚師長準備推出新的兒童菜，所以等著印新菜單。

羅杰回應説：「易森的問題提得好，兒童菜單是我們餐廳的特色，我趕緊催。還有別的嗎？」

「經理，有些客人不喜歡點紅葡萄酒，喜歡配白酒，我們怎麼解釋呢？」

提問的是瑪麗婭，她的酒水推銷技能不錯。

「遇到這種情況，再次向客人強調牛排配紅葡萄酒可讓牛排更加美味，也可助消化，但如果客人堅持，尊重客人的要求，從中餐廳調白酒過來。」經理羅杰回答

説。

「明白了，謝謝經理。」瑪麗婭在本子上記著什麼。

「好了，大家開始行動吧！」

羅杰結束了他的餐前會，員工開始各自忙碌起來。

溝通技能水準測試

下面關於溝通技能的測試問題用於測試您的溝通技能。選擇「知道」為1分，
選擇「不知道」為0分。得分高，説明您對溝通技能理解深刻，有可能在工作中加
以運用；得分低，説明您有學習潛力，學到新知識，將來會在工作中加以運用。

知道	不知道	測試問題
☐	☐	1.我知道溝通的目的是什麼
☐	☐	2.我知道溝通的定義與溝通類型是什麼
☐	☐	3.我知道督導常用的溝通形式有哪些
☐	☐	4.我知道溝通的過程是什麼
☐	☐	5.我知道在溝通過程中訊息發送人如何發送訊息
☐	☐	6.我知道在溝通過程中訊息接收人如何接收訊息
☐	☐	7.我知道溝通的三大要素指什麼
☐	☐	8.我知道溝通要素與溝通過程的關係是什麼樣的
☐	☐	9.我知道如何利用聲音要素進行溝通
☐	☐	10.我知道如何利用視覺要素進行溝通
☐	☐	11.我知道非語言溝通的重要性
☐	☐	12.我知道很多非語言溝通形式及其所表明的意義
☐	☐	13.我知道非語言溝通象徵符號說明的是什麼
☐	☐	14.我知道如何用非語言形式表達態度與情緒
☐	☐	15.我知道如何發揮語言溝通的作用
☐	☐	16.我知道如何避免溝通失誤
☐	☐	17.我知道如何克服猜忌的習慣
☐	☐	18.我知道聆聽的步驟以及如何積極地聆聽
☐	☐	19.我知道如何在工作中對員工下指令
☐	☐	20.我知道如何召開及主持會議

合計得分：

溝通與溝通類型

無論是在工作還是在生活中，人們每天都要花很多時間進行溝通：發出或接收訊息——說話、聆聽、書寫、閱讀、上網、聽廣播、看電視。

酒店經理可以透過培訓及實踐提高自己的溝通技能，在與員工與酒店的溝通過程中，讓自己的能力表現出來，發揮出來！

溝通

溝通，是人與人之間訊息發送與接收的過程。是兩個或兩個以上的人之間的訊

息交換過程，包括訊息發送與訊息接收。

溝通類型

酒店經理在工作中需要各種形式的溝通。表4-1列出了酒店經理常用的溝通類型及其說明。

表4-1 酒店經理的溝通類型及其說明

溝通的類型	說　　明
個人溝通	◆ 在員工個人間進行的溝通 ◆ 口頭的：談話、下達指令、電話、開會 ◆ 書面的：一封信、一個備忘錄、一份報告
酒店內部溝通	◆ 下行溝通：酒店企業自上而下的訊息傳遞過程 ◆ 上行溝通：酒店企業自下而上的訊息傳遞過程 ◆ 橫向溝通：同學間或同級間的訊息傳遞過程
外部溝通	◆ 廣告、廣播、電視…… ◆ 報紙、雜誌、書籍……
督導常用的溝通形式	◆ 面談 ◆ 下達指令 ◆ 開會 ◆ 發出備忘錄與通知
您在工作中使用哪些形式溝通?請舉例說明。 ◆ ＿＿＿＿＿＿＿＿＿＿＿＿＿＿＿＿＿＿＿＿＿＿＿＿＿＿＿＿＿＿ ◆ ＿＿＿＿＿＿＿＿＿＿＿＿＿＿＿＿＿＿＿＿＿＿＿＿＿＿＿＿＿＿	

溝通過程

溝通，包括訊息發送與訊息接收兩個方面。在溝通過程中，訊息發送人把訊息發給對方，訊息接收人接收訊息發送人的訊息。

在訊息溝通過程中，訊息發送人要把訊息發給對方，於是，發送人把自己的想

法構思成語句或其他象徵符號，用説或是寫的方式表達出來。這就是訊息發送人的訊息發送過程：構思、表達、發送。

而訊息接收人透過聽或看的方式接收到訊息發送人的訊息，並對這些訊息進行意譯和理解。這是訊息接收人的訊息接收過程：接收、意譯、理解。圖4-1列出了訊息發送人與訊息接收人的訊息溝通過程。

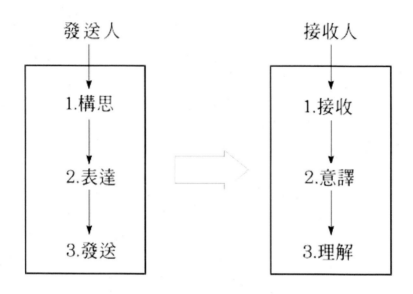

圖4-1 訊息溝通過程

如果訊息發送人能夠清晰地發出訊息，接收人能夠準確地接收訊息並加以理解，溝通過程應該是簡單而且成功的。表4-2列出了訊息發送人與接收人的訊息溝通過程及其說明。

表4-2 訊息發送人與接收人的訊息溝通過程及其說明

發送人	說　明
構思	◆ 發送人想要清晰地把自己的想法告訴接收人
表達	◆ 發送人把自己的想法變成語句、文字或符號
發送	◆ 用語言、圖示或文字形式發送出去
接收人	**說　明**
接收	◆ 聽到或看到這些語句、文字或符號
意譯	◆ 解釋、明白這些內容的意思
理解	◆ 理解這些內容的內在含義

續表

您認為在溝通過程中，哪個環節容易失誤?請舉例說明。

◆ _____

◆ _____

‖ 溝通要素

　　無論是個人溝通、酒店內部溝通，還是外部溝通以及督導常用的口頭的或是書面的溝通，都可以用聽到的聲音、看到的視覺以及文字內容的語言來表達。這就是人們常説的溝通三要素。

溝通三要素

　　美國一位大學教授麥赫倫先生研究溝通的要素，認為人們獲取訊息的管道有三種，即聲音、視覺和語言三要素。表4-3列出了溝通三要素的內容及説明。

表4-3 溝通三要素的內容及説明

溝通要素	說　明
聲音要素	聽到的聲音 ◆ 語音語調 ◆ 語速 ◆ 音量 ◆ 標準話
視覺要素	看到的影像 ◆ 目光交流 ◆ 儀態 ◆ 形體語言 ◆ 面部表情
語言要素	領會到的內容 ◆ 接收到的 ◆ 意譯的 ◆ 理解的

溝通要素與溝通過程

　　在溝通過程中，訊息發送人經過構思把自己想要溝通的內容用聲音的、視覺的以及語言的形式表達並發送出去。而訊息接收人則透過聽到的、看到的以及語言等形式接收進來進行意譯並加以理解。表4-2列出了溝通要素與溝通過程的關係。

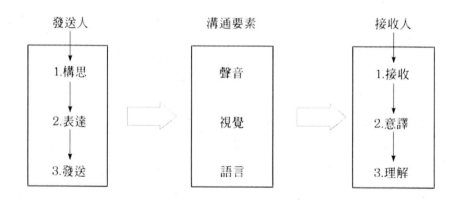

圖4-2 溝通要素與溝通過程的關係

聲音要素

聲音要素，包括人們說話時的語音語調、語速、音量以及標準話等。聲音，是人們進行口頭溝通的重要媒介。表4-4列出了訊息發送人與接收人對聲音要素的運用與感受。

表4-4 訊息發送人與接收人對聲音要素的運用與感受

聲音要素	訊息發送人對聲音的運用	訊息接收人對聲音的感受
語音語調	指一個人說話的語音語調 ◆ 吐字清晰 ◆ 抑揚頓挫 ◆ 堅定，有力度	◆ 調動人的興趣和熱情 ◆ 使講話有激情 ◆ 有權威性和可信度
語速	指一個人說話的速度 ◆ 專業性強、內容煩瑣、強調的訊息語速要慢 ◆ 非專業性的訊息語速要快	◆ 讓人能聽明白 ◆ 能增強記憶 ◆ 容易理解

續表

聲音要素	訊息發送人對聲音的運動	訊息接收人對聲音的感受
音量	指一個人說話聲音的大小 ◆ 視工作環境的噪聲大小 ◆ 強調重點時聲音要大 ◆ 公共場所講話聲音要小	◆ 讓人聽著清晰，清楚 ◆ 讓人聽著舒適，悅耳
標準話	指一個人說話時要講標準話 ◆ 講標準普通話 ◆ 講標準英語 ◆ 避免口頭語	◆ 讓人聽懂 ◆ 表現一個人的文化修養

您認為訊息發出人語接收人對聲音要求的運用還有哪些?請舉例說明。

◆ _____

◆ _____

視覺要素

視覺要素，是人們發送及獲取訊息的重要管道。視覺要素，包括人們談話中的目光交流、行走坐立的儀態、形體語言以及面部表情等。眼睛和眼神在視覺溝通中起了非常重要的作用，眼神到哪裡，力量就到哪裡。表4-5列出了訊息發出人與接收人對視覺要素的運用與感受。

表4-5 訊息發送人與接收人對視覺要素的運用與感受

視覺要素	訊息發送人對視覺要素的運用	訊息接收人對視覺要素的感受
目光交流	指一個人目視他人的眼神 ◆ 重視對方 ◆ 表明自信	◆ 受到訊息發出人的注視 ◆ 感到受尊敬 ◆ 引發對訊息發出人的興趣
儀態	指一個人站立、行走和就座的姿勢 ◆ 儀態輕鬆大方、瀟灑自信 ◆ 站如松，坐如鐘，行如風	◆ 感受到訊息發出人的個人修養 ◆ 受到感染
形體語言	手、臂、肩和頭部的動作 ◆ 附加了訊息量 ◆ 使訊息傳遞多樣化、生動化	◆ 獲取更多訊息 ◆ 從外表行為看出人的內心想法

續表

視覺要素	訊息發送人對視覺要素的運用	訊息接收人對視覺要素的感受
面部表情	指一個人喜怒哀樂形於色的面孔 ◆ 自然 ◆ 微笑 ◆ 與所表達的內容相一致	◆ 表露出訊息發出人的態度 ◆ 表達喜怒哀樂等情感
您認為訊息發出人與接收人對視覺要素的運用還有哪些?請舉例說明。 ◆ _____ ◆ _____		

非語言溝通

　　非語言溝通,是我們説話的方式,用聲音或者視覺要素作為表現形式。溝通不僅僅是語言的溝通,非語言溝通也是溝通,而且是更重要的溝通形式。經理在公共場合的一舉一動、一言一行都在傳遞著訊息,都在有意無意地發送著非語言溝通的信號。

　　語言學家認為,非語言溝通是最有力量的溝通形式。圖4-3列出了非語言要素比重圖示。

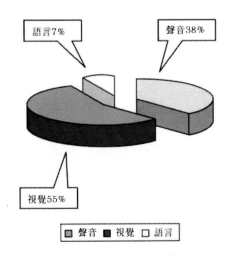

圖4-3 非語言要素比重圖示

人們在溝通時的訊息量獲取，語言要素的比重是7%，包括聲音和視覺要素在內的非語言要素獲得訊息量的比重為93%。也就是說，我們在與他人交談所獲得資訊的93%來自於非語言溝通。經理傳遞給他人訊息或留給他人印象的93%同樣是透過非語言溝通形式實現的。

非語言溝通形式示例

既然非語言溝通在溝通中如此重要，經理就有必要研究員工在日常工作中的一些非語言溝通形式及其含義，以便更好地在工作中提高自己的溝通技能。表4-6列出了一些酒店員工常用的非語言溝通形式及其說明。

表4-6 常用的非語言溝通形式及其說明

常用的非語言溝通形式	說　明
目光交流	◆ 友好，真誠，自信，肯定
迴避目光交流	◆ 冷淡，躲閃，冷漠，不安，被動，驚恐，緊張，隱瞞
微笑	◆ 滿意，理解，鼓勵
搖頭	◆ 不同意，不理解，不相信
咬唇	◆ 緊張，恐懼，焦慮
抓頭	◆ 迷惑，不相信
雙手交叉胸前	◆ 憤怒，不讚許，不同意，提防，咄咄逼人
揚眉	◆ 不相信，驚奇
絞手	◆ 緊張，焦慮，恐懼
前傾	◆ 關注，感興趣
後仰	◆ 乏味，放鬆
坐在椅邊	◆ 焦慮，緊張，擔心
坐姿搖動	◆ 不安，乏味，緊張，擔心
直立	◆ 自信，肯定
雙肩前弓	◆ 不安，被動
皺眉	◆ 不同意，痛恨，憤怒，不贊成
跺腳	◆ 緊張
用手拍肩頭	◆ 鼓勵，祝賀，安慰
您在工作中還使用過哪些非語言形式?請舉例說明。 ◆ _____ ◆ _____	

非語言溝通符號

人們在日常生活中廣泛使用非語言溝通形式。圖4-4列出了一些人們熟知的不需要語言解釋就能表達其含義並被普遍使用的非語言溝通符號。

圖4-4 常用的非語言溝通符號

非語言形式的表達

人們常常用非語言形式表達自己的情感與態度。表4-7列出了對圖4-4中酒店員工在日常工作中的典型非語言形式及其表達的態度和情緒的說明。

表4-7 員工非語言形式及其所表達的態度和情緒

所表達的態度與情緒	非語言形式
(a)接受，準備採取行動	◆ 坐在椅子邊上，身體前傾，雙臂分開，雙腿沒有交叉
(b)開放 盯住對方，防範，抑制，拒絕	◆ 雙手張開，掌心向上，衣服敞開 ◆ 衣服扣緊，雙臂合攏，雙腿交叉，身體靠在後邊
(c)緊張、焦慮，不安，情緒壓抑	◆ 雙臂交叉，雙拳緊握，雙手抓住手臂，雙腳靠緊
(d)沮喪，憤怒，爆發	◆ 身體前傾，頭向前探，雙手撐在桌上
(e)威脅	◆ 揮拳頭

> 您在工作中還遇到過哪些員工的非語言形式?請舉例說明。
> ◆ _____
> ◆ _____

語言要素

從圖4-4中可以看出，人們透過語言要素獲得訊息量的7%。而語言正是我們要傳達給訊息接收人的內容。因此如何更加有效地運用語言要素，對經理來說尤為重要。表4-8列出了如何讓語言要素更加有效的做法。

表4-8 讓語言要素更加有效

讓語言更加有效	發送人	接收人
簡明扼要	簡明扼要一句話，說明要點 ◆ 說出要點 ◆ 不相關的事少說或不說	◆ 人們通常記不住太多的訊息 ◆ 減少負擔
用詞簡單、直接	用接收人能理解的語言 ◆ 用簡單的語言 ◆ 用接收人能聽懂的話 ◆ 用直接的語言	◆ 簡單，易理解 ◆ 能聽懂 ◆ 直接

續表

讓語言更加有效	發送人	接收人
尊重聽者	建立接收人的信任度 ◆ 說明訊息的有用性 ◆ 稱呼對方的姓名 ◆ 與對方保持目光交流	◆ 以引起接收人的興趣 ◆ 感受到自己的重要性 ◆ 親切、信任
重複要點	結束時要重複重點 ◆ 重複要點 ◆ 強調重點	◆ 引起重視 ◆ 幫助記憶 ◆ 書面記錄
檢查是否理解	詢問接收人是否有問題 ◆ 用提問檢查是否理解 ◆ 通過觀察檢查是否理解 ◆ 讓接收人複述	◆ 確認與發出人的意思一致 ◆ 確認理解正確

您認為還有哪些讓語言更加有效的方法?請舉例說明。

◆ ＿＿＿＿＿＿＿＿＿＿＿＿＿＿＿＿＿＿＿＿＿＿＿＿＿＿＿

◆ ＿＿＿＿＿＿＿＿＿＿＿＿＿＿＿＿＿＿＿＿＿＿＿＿＿＿＿

避免溝通失誤

造成溝通失誤的因素

溝通失誤的情況在工作中經常出現，似乎是難免的。表4-9　列出了在溝通過程中可能造成溝通失誤的因素。

表4-9 造成溝通失誤的因素

溝通過程	造成溝通失誤的因素
發送人： ◆ 構思 ◆ 表達 ◆ 發送	◆ 發送人的教育、經歷、態度、價值觀、偏見、語言組織能力等 ◆ 語音語調、音量、形體語言 ◆ 圖片、圖示、口頭和書面語言 ◆ 訊息未曾發表 ◆ 訊息發送的時機不對 ◆ 發送的訊息未到達接收人

續表

溝通過程	造成溝通失誤的因素
接收人： ◆ 接收 ◆ 意譯 ◆ 理解	◆ 接收人的教育、經歷、態度、價值觀、偏見、情緒、聆聽及閱讀能力等 ◆ 訊息內容未得到正確的解讀 ◆ 訊息含義被誤解 ◆ 訊息未曾收到 ◆ 對訊息不理解 ◆ 對訊息不能接受
您認為還有哪些造成溝通失誤的因素?請舉例說明。 ◆ _____ ◆ _____	

避免溝通失誤的做法

瞭解在溝通過程中造成溝通失誤的因素之後，經理在實際工作中可有針對性地避免溝通的失誤。表4-10列出了經理在工作中避免溝通失誤的一些做法。

表4-10 避免溝通失誤的做法

溝通過程	造成溝通失誤的因素
發送人： ◆ 構思 ◆ 表達 ◆ 發送	◆ 了解自己的員工 ◆ 提高自己的文化及專業水平，語言組織能力 ◆ 充分利用聲音要素、視覺要素 ◆ 提高口頭和書面表達能力 ◆ 確認訊息已經發出 ◆ 確認訊息發出的時機 ◆ 確認訊息送達接收人
接收人： ◆ 接收 ◆ 意譯 ◆ 理解	◆ 了解自己的上司 ◆ 提高自己的聆聽及閱讀能力 ◆ 充分利用聲音、視覺及語言要素意譯訊息 ◆ 了解訊息背後的真正含義 ◆ 確認訊息收到 ◆ 確認對訊息的準確理解

續表

您認為還有哪些避免溝通失誤的做法?請舉例說明。

◆ _____

◆ _____

‖ 聆聽

聆聽，是溝通過程的另外一半，指把全部注意力放在對方所說的話上，從頭聽到尾的一個過程。

聆聽的不良表現

表4-11列出了經理在日常工作中表現出的關於聆聽的不良表現及其說明。對照一下自己，是否也存在這樣的情況？

表4-11 聆聽的不良表現及其說明

聆聽的不良表現	說　明
心不在焉	◆ 心中要考慮的事太多 ◆ 無法專注聆聽和您說話的人 ◆ 注意力分散到其他事情，如電話、郵件、外部噪音等 ◆ 對話題不感興趣，心裡想著別的事情
感情用事	◆ 有些話讓您情緒激動，如抱怨和牢騷、語言過激等 ◆ 有些詞語讓您反感，如歧視傾向、沒禮貌等 ◆ 很難控制激動的反感的情緒
打斷他人	◆ 指揮、命令、妄加評論 ◆ 警告、威脅 ◆ 分析、判斷 ◆ 評判、批評 ◆ 責備、不當回事 ◆ 訊問、分析 ◆ 說教、提忠告 ◆ 撫慰、同情

續表

您有過以上不良聆聽表現嗎?如有，請舉例說明。

◆ _____

◆ _____

積極的聆聽表

　　酒店經理在日常工作中，要克服不良的聆聽習慣，養成良好的積極聆聽的習慣。表4-12列出了積極的聆聽表現及其說明。對照一下自己，您是這樣做的嗎？

表4-12 積極的聆聽表現及其說明

積極的聆聽表現	說　明
集中注意力	◆ 停下手中正在做的一切事情，專注於對方 ◆ 對方說多長時間就聽多長時間 ◆ 尊重對方想找人談一談的需求 ◆ 思想不要開小差 ◆ 與對方保持目光交流 ◆ 表現出興趣但不表明立場
聽對方把話說完	◆ 不要以任何形式打斷對方 ◆ 鼓勵對方說下去 ◆ 讓對方感到您希望他說下去 ◆ 重複對方的話，說出對方的感受
避免感情用事	◆ 保持平靜與冷靜 ◆ 克制自己的情緒，把注意力集中在事情上 ◆ 避免思考如何回應而分心 ◆ 保持中立的態度 ◆ 不作任何反應
探尋真正的訊息	◆ 先說出來的話，可能並非是真正的問題 ◆ 注意說出來的話背後的含義 ◆ 觀察非語言行為，找出訊息背後的含義

續表

積極的聆聽表現	說　明
扮演自己的角色	◆ 不是明辨是非的法官 ◆ 聆聽個人問題但不要試圖去解決 ◆ 帶著理解與同情去聽，但不承諾職權以外的東西 ◆ 讓聆聽變成有效的雙向溝通

您認為還有哪些積極的聆聽表現?請舉例說明。

◆ _____

◆ _____

聆聽的步驟

高效的聆聽可分為四個步驟，集中注意力、釋意、評估和回應。表4-13列出了聆聽的四個步驟及其說明。

表4-13 聆聽的四個步驟及其說明

聆聽步驟	說　明
集中注意力	◆ 決定聆聽：放下手中的一切事務，集中注意力到對方身上 ◆ 創建積極的聆聽氛圍：排除外部干擾，關上房門 ◆ 關注對方：保持目光交流，記筆記 ◆ 鼓勵對方說下去
釋意	◆ 把對方的話聽完，不要加以任何評論 ◆ 確認對方的真實意圖 ◆ 表現自己的理解 ◆ 證實自己的理解，用提問的方式 ◆ 達成共識
評估	◆ 獲得更多訊息 ◆ 確定訊息是否真實 ◆ 交流評估訊息 ◆ 澄清事實

聆聽步驟	說　明
回應	◆ 了解對方的期待 ◆ 考慮自己的時間和精力 ◆ 做出決策，並回應

您在工作中是如何運用聆聽的四個步驟的？請舉例說明。

◆ _____

◆ _____

鼓勵他人說話的技巧

聆聽者鼓勵他人把話說完，以增進自己的理解，表現出積極的聆聽技能。表4-14列出了鼓勵他人說話的技巧。

表4-14 鼓勵他人說話的技巧

技　巧	說　明	例　句
表示認可	◆ 感興趣，鼓勵對方說下去	◆「哦……」 ◆「明白了。」 ◆「真的?」 ◆「原來是這樣。」 ◆「再說詳細點。」 ◆「讓我先把這個記下來。」
表示同情	◆ 願意聽取並理解對方的感受	◆「我理解您的感受……」 ◆「您能做到這點不容易……」 ◆「我明白您的意思，我也有同樣的感受……」
澄清問題	◆ 澄清或確認某訊息	◆「您說……」 ◆「您是說……是這樣吧?」 ◆「您說具體點……」 ◆「比如說呢?」 ◆「您能為我澄清一下嗎?」
重述對方的話	◆ 讓對方繼續說下去	◆「您覺得和李娜相比，我對您不公平嗎?」 ◆「您想要增加一個編制，是嗎?」 ◆「您說我們的工資偏低嗎?」

續表

技　巧	說　明	例　句
總結性核實	◆ 集中要點，確認是否理解	◆「……您剛才說的就是這些吧?」 ◆「我理解您的要點有三條，就是……」 ◆「如果我沒聽錯的話，您想……」

您認為鼓勵他人說話的技巧還有哪些?請舉例說明。

◆ _____

◆ _____

在工作中對員工下指令

在工作中對員工下指令的步驟

表4-15列出了酒店經理在工作中給員工下指令的參考步驟及其說明。您可以根據實際情況加以參考應用。

表4-15 在工作中給員工下指令的步驟及其說明

步　驟	說　明
準備下指令	◆ 指令內容：誰、什麼時間、在哪、做什麼、怎樣做、為什麼要做 ◆ 對誰下指令 ◆ 在什麼時間 ◆ 在什麼地點 ◆ 用什麼樣的方式：口頭還是書面指令還是二者同時
創造接受指令的氛圍	◆ 找一個安靜不受干擾的環境 ◆ 設法引起員工的興趣 ◆ 設法讓員工注意聆聽 ◆ 也可以動用全力，下命令
發出指令	◆ 聲音：洪亮有力，不快不慢，吐字清晰 ◆ 視覺：保持目光交流，微笑，挺胸抬頭，用手勢助說話 ◆ 語言：簡明扼要，清晰具體，強調要點 ◆ 發出指令的方式：請求，建議，命令

續表

步　驟	說　明
核實是否理解	◆ 詢問員工是否有任何問題 ◆ 觀察員工的非語言行為 ◆ 請員工複述一遍指令內容 ◆ 自我檢查的方式：「該說的我都說清楚了嗎？」 ◆ 看員工是否正確執行：風險在於一旦錯了是否可糾正
後續跟進	◆ 觀察員工的工作情況 ◆ 如有失誤立即糾正 ◆ 給員工以指導和協助 ◆ 自我檢查：我的指令到位嗎
您在工作中給員工下指令的做法還有哪些？請舉例說明。 ◆ _____ ◆ _____	

在工作中對員工下指令的練習

參考表4-15，在工作中給員工下指令的步驟及其說明，利用表4-16，做一個關於在工作中為員工下指令的練習。

表4-16 在工作中給員工下指令的練習

步　驟	說　明
準備下指令	◆ _____ ◆ _____
創造接受指令的氛圍	◆ _____ ◆ _____
發出指令	◆ _____ ◆ _____

續表

步　驟	說　明
核實是否理解	◆ _____ ◆ _____
後續跟進	◆ _____ ◆ _____

會議

　　無論是主持班前會還是部門例會，酒店經理都要使自己的會議有成效。表4-17
列出了酒店經理主持會議所應考慮的問題及其說明。

表4-17 酒店經理主持會議所應考慮的問題及其説明

應考慮的問題	說　明
會前準備	◆ 無論大小會議都要提前準備 ◆ 確定會議目的 ◆ 列出開會議程 ◆ 列出所要討論的主題
準時	◆ 準時開會 ◆ 說明開會議程 ◆ 準時結束
適時總結	◆ 如果會議偏離主題，快速回到主題上來 ◆ 適時對會議內容進行總結
制定規則	◆ 制定發言規則 ◆ 讓每個人都得到公平的發言機會 ◆ 尊重不同意見
會議紀錄	◆ 做好會議紀錄 ◆ 妥善保存會議紀錄，以備後續跟進

您在主持會議時還會考慮哪些問題？請舉例說明。

◆ _____

◆ _____

▌溝通技能達標測試

下面關於溝通技能的測試問題用於測試您的溝通技能。在「現在」一欄做一遍，並分別在兩週、四週後分別做一遍這些測試題，看自己的溝通技能是否有進步。提高自己的溝通技能，您一定能夠成為一名具有出色溝通能力的經理！

現在	兩週後	四週後	測試問題
☐	☐	☐	1.我知道溝通的目的是什麼
☐	☐	☐	2.我知道溝通的定義與溝通類型是什麼
☐	☐	☐	3.我知道督導常用的溝通形式有哪些
☐	☐	☐	4.我知道溝通的過程是什麼
☐	☐	☐	5.我知道在溝通過程中訊息發送人如何發送訊息
☐	☐	☐	6.我知道在溝通過程中訊息接收人如何接收訊息
☐	☐	☐	7.我知道溝通的三大要素指什麼
☐	☐	☐	8.我知道溝通要素與溝通過程的關係是什麼樣的
☐	☐	☐	9.我知道如何利用聲音要素進行溝通
☐	☐	☐	10.我知道如何利用視覺要素進行溝通
☐	☐	☐	11.我知道非語言溝通的重要性
☐	☐	☐	12.我知道很多非語言溝通形式及其所表明的意義
☐	☐	☐	13.我知道非語言溝通象徵符號說明的是什麼
☐	☐	☐	14.我知道如何用非語言形式表達態度與情緒
☐	☐	☐	15.我知道如何發揮語言溝通的作用
☐	☐	☐	16.我知道如何避免溝通失誤
☐	☐	☐	17.我知道如何克服猜忌的習慣
☐	☐	☐	18.我知道聆聽的步驟以及如何積極的聆聽
☐	☐	☐	19.我知道如何在工作中對員工下指令
☐	☐	☐	20.我知道如何召開及主持會議

合計得分：

第五章 對客服務——讓生意旺起來

本章概要

對客服務技能水準測試

對客服務

對客服務定義

賓客期望值

酒店產品與服務特點

誰是酒店的賓客

賓客需要什麼

誰是最重要的人

賓客的價值

賓客不滿意的代價

賓客對價值和服務的感知優質對客服務的好處

優質對客服務為什麼很難

真實瞬間

預訂

接站

到酒店門前

停車

進入大廳

櫃臺接待

引領賓客進房間

客房服務

叫醒服務

房內用膳

客用品借用

賓客用電話

在酒吧

使用客房浴室

餐廳用餐

退房

賓客離店

對客服務技能達標測試

培訓目的

學習本章「對客服務——讓生意旺起來」之後，您將能夠：

☆瞭解對客服務的含義，以及賓客需求

☆瞭解如何計算賓客的價值與賓客不滿意的代價

☆瞭解優質對客服務的好處及難度

☆瞭解對客服務的真實瞬間

☆學習優質對客服務的案例

中國西安「海底撈」餐館的對客服務

中國西安餐飲業流傳著這樣一個神話,有一家叫「海底撈」的餐館,人滿為患,前來用餐的人要排長隊。

新博亞酒店中餐廳經理艾麗絲決定前去探個究竟。

下午3時,她專門派人前去訂餐位。

下午6時,艾麗絲一行4人來到其中一家分店。從外表看,這家店面並不大,艾麗絲注意到停車場上已停滿了車。

穿過一樓進入二樓餐廳時,她看到排隊等候用餐的人已有二三十人。他們坐在一個個小凳子上,有的在看店家提供的報紙、雜誌;有的在玩店家提供的紙牌;有的在閒聊,嘴裡吃著店家提供的免費瓜子、花生等。他們似乎並不著急,邊吃、邊玩、邊聊、邊等待著餐位。

看來事先派人訂餐是對的。但仍然未訂到包廂,艾麗絲一行坐在大廳一個靠窗的4人位上。

一入座,女服務員就熱情地迎了上來,派發了熱毛巾,送上了菜單,原來是火鍋,也可以點菜,艾麗絲一行要了火鍋。

小服務員看上去也就20歲,微笑自然大方,與艾麗絲一行邊聊邊點菜,就像是熟人一樣。她熟練地推薦著菜餚,最後說:

「如果是4位的話，這些菜足夠了；如果不夠呢，再點也很快的。」

艾麗絲一行邊用餐邊品味著這裡的服務，菜餚不錯，服務更周到，席間除了換毛巾以外，服務員每隔幾分鐘前來幫忙分菜，或是問問口味如何，還需要什麼幫助。總的感覺是身邊總有服務員在需要的時候出現。

艾麗絲一行與小服務員聊著：「喜歡您的工作嗎？」

「喜歡呀。」

「想過要離開這家店嗎，如果有人給您更高工資的話？」

「不想，老闆待我們很好。不想離開。」

兩個小時後，艾麗絲一行用餐完畢，準備離開。服務員拿來找的零錢和發票。

「感謝各位的光臨，歡迎下次再來，再見。」

艾麗絲一行下樓時見樓下排長隊的人們還是那麼多，人們不急不徐地等待著，等待著享受樓上的明星用餐服務。

等待，值得。——新博亞酒店培訓提供

‖ 對客服務技能水準測試

下面關於對客服務技能的測試問題用於測試您的對客服務技能。選擇「知道」為1分，選擇「不知道」為0分。得分高，說明您對對客服務理解深刻，有可能在工作中加以運用；得分低，說明您有學習潛力，學到新知識，將來會在工作中加以運用。

知道	不知道	測試問題
☐	☐	1.我知道對客服務的定義是什麼
☐	☐	2.我知道賓客的期望值是什麼
☐	☐	3.我知道酒店業產品與服務的特點是什麼
☐	☐	4.我知道如何計算賓客的價值
☐	☐	5.我知道賓客不滿意的代價
☐	☐	6.我知道賓客對價值和服務的感知從哪裡來
☐	☐	7.我知道對客優質服務的好處及難度
☐	☐	8.我知道對客服務真實瞬間的含義
☐	☐	9.我知道預訂真實瞬間員工服務關鍵點與賓客的感受

續表

知道	不知道	測試問題
☐	☐	10.我知道接站真實瞬間員工服務關鍵點與賓客的感受
☐	☐	11.我知道到酒店門前真實瞬間員工服務關鍵點與賓客的感受
☐	☐	12.我知道停車真實瞬間員工服務關鍵點與賓客的感受
☐	☐	13.我知道進入大廳真實瞬間員工服務關鍵點與賓客的感受
☐	☐	14.我知道櫃臺接待真實瞬間員工服務關鍵點與賓客的感受
☐	☐	15.我知道引領賓客進房間真實瞬間員工服務關鍵點與賓客的感受
☐	☐	16.我知道叫醒服務真實瞬間員工服務關鍵點與賓客的感受
☐	☐	17.我知道房內用膳真實瞬間員工服務關鍵點與賓客的感受
☐	☐	18.我知道客用品借用真實瞬間員工服務關鍵點與賓客的感受
☐	☐	19.我知道餐廳用餐真實瞬間員工服務關鍵點與賓客的感受
☐	☐	20.我知道賓客離店真實瞬間員工服務關鍵點與賓客的感受

合計得分：

對客服務

對客服務定義

對客服務，是指酒店員工用高雅和尊重的態度針對賓客需求幫助賓客的過程。
表5-1列出了對客服務定義所強調的要點及其說明。

表5-1 對客服務定義所強調的要點及其說明

強調的要點	說　　明
高雅和尊重的態度	◆ 體現「我們以紳士淑女的態度為紳士淑女們忠誠服務」的理念 ◆ 這種態度是平等的、高雅的、尊重的、令人感到舒適的
針對賓客需求的服務	◆ 儘管賓客的需求各不相同，但有些需求是共性的，要盡量滿足或超過賓客的期望值
幫助賓客	◆ 賓客在店內隨時隨地應該得到酒店員工的幫助

* The Ritz-Carlton酒店員工座右銘：We are ladies and gentlemen serving ladies and gentlemen.

　　酒店業比其他任何行業更加注重優質對客服務，賓客在入住一間酒店的同時期待著與其支付程度相對應的服務水準。當他們的期望值得到滿足時，他們就會成為回頭客，再次入住。超過賓客期望值的服務叫對客優質服務。

　　優質服務並非只是豪華五星級酒店所特有的服務。家庭旅館、經濟型酒店、商務酒店與豪華五星級酒店一樣，都有提供優質服務的機會。這是因為各種類型的酒店都有自己的賓客群體，而這些賓客群體都有其獨特的期望值。各種酒店都有相同的機會超過、滿足或是根本達不到賓客的期望值。

　　每位賓客心裡都有一個天平，將其所得到的服務與其期望值在天平上進行比較，從而得出是否是優質服務的結論。酒店服務是否優質，由賓客衡量決定，取決於賓客心中的天平傾向，取決於賓客對服務水準的感受。

　　酒店成功的訣竅在於，瞭解賓客的期望，不斷地滿足和超過這些期望，而價格既要為賓客所接受，也要使酒店能夠贏利。

賓客期望值

賓客從預訂至進入酒店，對所接受的產品與服務有一個期望值。當酒店產品與服務達到期望值時，賓客對酒店產品與服務滿意，稱其為「服務好」。當酒店產品與服務達不到賓客期望值時，賓客失望，不滿意，稱其為「服務差」。當酒店產品與服務超過賓客期望值時，賓客感到驚喜，稱其為「優質服務」。

賓客對酒店的第一印象最重要，達不到、達到或超過賓客期望值，就是在這一時刻形成的固定印象。圖5-1列出了酒店賓客期望值與滿意度的關係圖示。

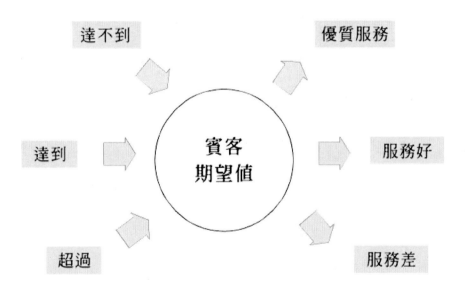

圖5-1 酒店賓客期望值與滿意度的關係圖示

酒店產品與服務特點

酒店產品與服務，和產品製造業有著很大的不同，這些不同之處對優質服務提出了挑戰。表5-2列出了酒店產品與服務的特點及其說明。

表5-2 酒店產品與服務的特點及其說明

酒店產品與服務的特點	說　明
服務與產品不可分離	◆ 賓客購買酒店產品時也購買了相應的服務，例如賓客入住酒店房間時，就購買了清潔客房、叫醒服務等 ◆ 酒店服務是產品的一部份，是無形的，無法用圖片或語言描述 ◆ 酒店在提供有形產品的同時包含了無形的服務
賓客參與生產與服務過程	◆ 賓客入住酒店，目睹酒店員工提供服務的過程 ◆ 賓客也參與生產與服務的過程，例如，自助早餐，賓客到餐檯取菜餚 ◆ 行李生為賓客拿大件行李，賓客隨身攜帶小件行李共同上樓進房間
人是產品與服務的一部份	◆ 賓客享受酒店產品與服務，也與酒店員工及賓客打交道 ◆ 員工的微笑、服務態度是賓客感受到的服務的一部份 ◆ 酒店其他賓客也影響服務的質量，如用餐氛圍包括周邊用餐賓客的素質和表現
保持服務標準難度大	◆ 員工即使經過培訓，也會出錯，出問題 ◆ 賓客有時受到打擾並不是酒店或員工的過錯 ◆ 無法保證所有住店賓客都有一個愉快的經歷
產品與服務不能庫存	◆ 產品與服務即時提供，不能生產出來經過質檢後庫存待售 ◆ 當天時間一過，未售出的客房不能再銷售 ◆ 未售出的餐位也不存在 ◆ 產品與服務品質當場由賓客加以評判
快捷服務尤為重要	◆ 賓客需要「快捷、及時」的服務 ◆ 不能讓賓客等待或排隊等候時間過長 ◆ 如果不能「快捷、及時」，至少要及時打招呼
您認為酒店產品與服務還有哪些特點?請舉例說明。 ◆ _____ ◆ _____	

誰是酒店的賓客

酒店的賓客包括住店賓客，來店消費賓客。表5-3列出了酒店除住店以及來店消費賓客以外的賓客。

表5-3 酒店除住店以及來店消費賓客以外的賓客

◆ 發給我們工資的人

◆ 我們每一個人

◆ 內部賓客：同事、酒店員工

◆ 外部賓客：住店賓客，來店消費賓客

◆ 希望用別人對待自己的方法去對待賓客

◆ 把賓客當做明星、英雄、朋友、鄰居、祖母一樣對待

您是如何看待酒店賓客的？請舉例說明。

◆ _____

◆ _____

賓客需要什麼

雖說賓客的需求各不相同，但有很多需求是一致的，例如潔淨的房間、美味的菜餚等。表5-4列出了一些賓客的共同需求。

表5-4 賓客的共同需求

◆ 禮貌

◆ 體貼

◆ 幫助

◆ 尊重

◆ 支持

◆ 快捷

您認為賓客還有哪些共同的需求？請舉例說明。

◆ _____

◆ _____

誰是最重要的人

如果這個世界上只有兩個人，您自己和賓客，其中有一個人必須得死的話，您認為誰更重要？因為更重要的人應該活下來，人人都認為自己才是最重要的人。表5-5列出了最重要的人的順序。

表5-5 最重要的人的順序

> ◆ 賓客
>
> ◆ 我們自己
>
> ◆ 讓賓客感到他們是最重要的人
> 您認為誰是最重要的人?請舉例說明。
>
> ◆ _____
>
> ◆ _____

賓客的價值

不斷滿足和超過賓客期望值的對客服務的目的是為了留住賓客,讓第一次入住的賓客成為回頭客,讓回頭客成為常客,讓常客成為忠誠賓客。

培養忠誠賓客是每一間酒店推行優質對客服務的目的。酒店採用「優惠卡」、「積分卡」、「會員卡」等都是為了留住賓客,為了培養忠誠賓客。因為,忠誠賓客最有價值。

一位忠誠賓客的價值是多少?賓客的價值分為「當前價值」和「潛在價值」。

「當前價值」是指賓客每一次入住酒店的消費價值。標準間800元,用餐消費1200元,這就是「當前價值」。

「潛在價值」指的是在一定的時間段內這位賓客在酒店的消費額。假設考察期為10年,一位忠誠賓客的價值,就是他在酒店消費金額的總和。表5-6列出了一位忠誠賓客的價值,即在10年內可能給酒店帶來的不完全收入的總和。

表5-6 一位忠誠賓客的價值

單位:元

類型	房價	1個月	1年	5年	10年
酒店常客	500/晚	1000/兩晚	12 000	60 000	120 000

如果平均房價為500元，一位賓客每次平均入住2天，每個月平均入住一次的話，這位固定賓客平均每個月的消費額是1000元，1年為1.2萬元，5年為6萬元，10年為12萬元！

根據以上假設，一位第100次入住酒店的賓客給酒店帶來的住宿收入是

1000元×100次＝10萬元

這就是酒店追求忠誠賓客的原因。一間酒店的忠誠賓客越多，賓客的價值量越大，酒店的收入越多，生意也越旺。

這種簡單的賓客價值的計算方法並沒有完全表現出賓客的價值和潛在價值。這裡沒有包括用餐、酒吧、會議、娛樂、洗衣、房內用膳、房內迷你酒吧、電話費等費用。更沒有包括對酒店良好評價所帶來的新生意，也就是口碑的價值。去哪家餐館用餐，去哪家酒店住宿，人們更多的不是聽從廣告，而是聽從朋友的推薦，相信朋友的推薦總是沒錯。這就是忠誠賓客的潛在價值——他們向朋友推薦這間酒店，他們心甘情願地做這間酒店的推銷員。

也有人說，酒店80%的收入或利潤是由20%的賓客帶來的。而這20%的賓客就是您的常客，您的忠誠賓客！這就是忠誠賓客的價值！

賓客不滿意的代價

酒店培養忠誠賓客，更多追求的是賓客的潛在價值。當一位賓客因不滿而離開酒店並且不再回頭時，他帶走了潛在價值。即把可能的第100次入住的10萬元，10年的12萬元帶走了。

但問題的嚴重性還不在於此。這位賓客會把自己不愉快的經歷告訴他人，從而進一步影響其他潛在價值的生成機會。一項來自美國的調查表明，一位不滿意的賓客平均會將其對酒店的不滿告訴8～10個人，平均每5個不滿意的賓客中會有1個把其不滿告訴20個人。

根據這個調查結果，表5-7列出了假設一個不滿賓客把其不滿經歷告訴10個人，而這10個人中有3個人聽信這位賓客的意見，即4個人一年未入住這間酒店，所造成的可能的潛在價值損失。

表5-7 不滿賓客的潛在價值損失

類　型	可能損失的潛在價值
酒店	12 000 ×4 ＝ 48 000 元

同樣，這裡沒有包括用餐、酒吧、會議、娛樂、洗衣、房內用膳、房內迷你酒吧、電話費等收入。一家酒店要花多少錢的廣告才能爭取到這些賓客？一位不滿意的賓客卻輕而易舉地讓潛在賓客不再進入酒店的大門。

賓客對價值和服務的感知

當今賓客有知識，對酒店也非常瞭解，期望值高，對酒店有更多的選擇權。特別是中國加入WTO以後，很多國際酒店品牌紛紛進入中國，酒店品牌更多，設施更棒，服務更周到，賓客的期望值也更高。

當今賓客並非執意追求品牌，他們更多追求的是物有所值。當產品、服務和價值能夠始終如一地滿足或超過他們的期望值，而且價格也可以接受的話，他們認為物有所值。以可以接受的價格提供最優質的服務，是酒店成功的準則，也是賓客的夢想。這個理念為中國地方品牌酒店與國際品牌酒店競爭創立了良好的基礎。優質的服務或者說物有所值的服務，可以創立競爭優勢，把賓客從國際品牌酒店爭取過來。

在這方面，中國有很多酒店做得非常出色。廣州的白天鵝酒店，南京的金陵飯店等都有著成功的經驗。南京金陵飯店在南京市的希爾頓、喜來登、皇冠假日、香格里拉等國際品牌的包圍下，以其優質服務獨領風騷，成功的經營模式成為中國國內酒店品牌的楷模。上海經濟型酒店品牌「如家快捷」也是一個後起之秀，同樣以其優質的服務「潔淨如月，溫馨如家」而獲得賓客的認同。

您可能擁有世界上效率最高、最盡職責的員工，您可能會說我們已經對賓客提供各種各樣的個性化服務。但是，除非您讓賓客真正認識到您的服務是個性化的，物有所值的，否則他們不會再次光臨。賓客回頭的原因，不是因為您提供了優質服務，而是因為他們感受到服務的優質。

一間酒店的生存，在於為賓客提供了有價值的產品與服務；而一間酒店的成功，則取決於賓客對所提供價值的感受。這就是為什麼曼谷東方文華酒店的員工，以稱呼每一位賓客姓名而聞名天下的原因。稱呼賓客的姓名不需要額外的投資，但是做到不容易，賓客的感受也不同。

優質對客服務的好處

優質對客服務對酒店企業、酒店管理層、酒店員工以及賓客都有好處。表5-8列出了優質對客服務的諸多好處及其說明。

表5-8 優質對客服務的好處及其說明

優質對客服務的好處	說　明
對企業的好處	◆ 賓客更滿意 ◆ 收益更多 ◆ 聲譽更好 ◆ 口碑的魅力

續表

優質對客服務的好處	說　明
對員工的好處	♦ 工作驕傲感 ♦ 工作安全感 ♦ 工作場所更加愉悅、有趣
對賓客的好處	♦ 得到了禮遇 ♦ 感覺不一樣 ♦ 感到愉快 ♦ 需求得到滿足
對經理的好處	♦ 能幹的員工 ♦ 經濟效益好 ♦ 事故少 ♦ 問題少 ♦ 投訴少

您認為優質對客服務還有哪些好處？請舉例說明。

♦ _____

♦ _____

優質對客服務為什麼很難

儘管優質對客服務對酒店企業及員工都有益處，而且各家酒店也爭相提供優質對客服務，但要做到真正的優質對客服務確實很難。表5-9列出了優質對客服務的難點及其說明。

表5-9 優質對客服務的難點及其說明

難　點	說　明
來自賓客	♦ 每位賓客對服務的需求不同 ♦ 每位賓客對服務的期望值不同
來自員工	♦ 酒店員工對服務的理解不同 ♦ 酒店員工的服務技能與工作態度有差異
來自酒店	♦ 管理層的管理理念不同 ♦ 酒店設施設備的差異

續表

您認爲還有哪些優質對客服務的難點？請舉例說明。

◆ _____

◆ _____

真實瞬間

真實瞬間（Truth of the Moment），是站在賓客的角度，從賓客對酒店的每一次接觸和體驗看酒店員工的服務關鍵點。這是一個員工服務與賓客感受的系列過程，是員工服務與賓客感受的每一個關鍵點的綜合表現。表5-10列出了賓客從預訂酒店到入住登記及至離店期間，對酒店的接觸、體驗、感受，以及酒店各崗位員工在每一個服務關鍵點給賓客留下印象的關鍵時刻。

表5-10 酒店賓客感受到的真實瞬間

真實瞬間	酒店員工服務關鍵點	酒店賓客體驗及感受
預訂	◆ 鈴響三聲接聽電話 ◆ 問候賓客 ◆ 獲取並稱呼賓客的姓名 ◆ 結束預訂並向賓客致謝 ◆ 與賓客說再見	◆ 職業化 ◆ 感到親切受歡迎 ◆ 感到受尊敬，預感服務出色 ◆ 感到受歡迎 ◆ 可能會再次預訂
接站	◆ 舉牌 ◆ 稱呼客人姓名 ◆ 幫助拿行李	◆ 在需要幫助時得到幫助 ◆ 感受到尊貴的待遇 ◆ 預感服務的優質
到酒店門前	◆ 清潔的環境 ◆ 友好的問候	◆ 舒適 ◆ 親切、受歡迎
停車	◆ 標誌清晰 ◆ 環境整潔	◆ 有條理、有良好的管理 ◆ 管理有序
進入大廳	◆ 友好的問候 ◆ 潔淨的環境	◆ 親切、受歡迎 ◆ 管理有序
前台接待	◆ 友好的問候 ◆ 微笑與熱情	◆ 親切、受歡迎 ◆ 職業化、管理有序

續表

真實瞬間	酒店員工服務關鍵點	酒店賓客體驗及感受
電梯	◆ 潔淨 ◆ 清潔無痕	◆ 公共衛生管理有方 ◆ 酒店管理到位
走廊	◆ 潔淨、敞亮 ◆ 無異味	◆ 有一個好管家 ◆ 管理上注意細節
進入房間	◆ 房號清晰 ◆ 門鎖方便	◆ 輕鬆 ◆ 有一個好心情
臥室	◆ 潔淨 ◆ 清新	◆ 放心 ◆ 滿意
衛生間	◆ 清新 ◆ 敞亮	◆ 滿意 ◆ 心情舒暢
叫醒服務	◆ 準時 ◆ 溫馨提示	◆ 放心 ◆ 溫暖、親切
客用品借用	◆ 方便 ◆ 及時	◆ 管理到位 ◆ 為賓客著想、感謝
客用電話	◆ 方便 ◆ 接轉順利	◆ 能夠順利打出並接進電話 ◆ 保持一個良好的心境
沐浴	◆ 沐浴噴頭有壓力 ◆ 潔淨	◆ 感到舒適、放鬆 ◆ 緩解緊張情緒、有好心情
早餐	◆ 服務周到 ◆ 菜餚可口	◆ 對早餐感到滿意 ◆ 為一天的良好開端高興
前台諮詢	◆ 方便快捷 ◆ 親切友好	◆ 得到滿意的答覆 ◆ 辦事順利、心情舒暢
商務中心	◆ 業務熟練 ◆ 態度親切友好	◆ 受到熱情的接待與服務 ◆ 對服務感到滿意
客帳	◆ 準確清晰 ◆ 快捷	◆ 很高興沒有誤差的拿到帳單 ◆ 對服務感到滿意
離店	◆ 歡迎賓客再來 ◆ 為賓客預訂或叫車	◆ 希望再次回來 ◆ 把酒店推薦給親戚朋友

　　表5-10列出了給賓客形成深刻印象的20個「真實瞬間」。一間酒店有多少個真實瞬間？表5-11列出了擁有200間客房的新博亞酒店，平均出租率為80％，其中平均雙人間出租率為50％，該酒店平均每天需要接待240位賓客的真實瞬間數量及其說明。

表5-11 新博亞酒店真實瞬間的數量及其說明

真實瞬間的數量	說　明
一天的真實瞬間數量4,800	◆ 240 人 × 20(次) = 4 800
一週的真實瞬間數量33,600	◆ 4 800 真實瞬間 ×7 (天) = 33 600
一個月的真實瞬間數量134,400	◆ 33 600 真實瞬間 ×4 = 134 400
一年的真實瞬間數量1,612,800	◆ 134 400 真實瞬間 ×12 = 1 612 800

您工作的酒店每天、每週、每月、每年有多少個真實瞬間?
◆ 每天：_____
◆ 每週：_____
◆ 每個月：_____
◆ 每年：_____

新博亞酒店每年有161.28萬個給賓客留下好印象的機會,同樣也有161.28萬個讓賓客形成不良印象的可能!

口碑如同廣告一樣,賓客將其在酒店的經歷告知親朋好友,如同廣告宣傳,不幸的是不愉快的經歷流傳得更快、更廣。給賓客一個好印象,就是直接為酒店做廣告!

預訂

這是賓客還未進店的活動,但卻涉及賓客是否入住本酒店的決定。這一環節對賓客對酒店都是一個「真實瞬間」——一個關鍵時刻。優質服務從這裡開始。表5-12列出了在預訂這個真實瞬間員工服務關鍵點與賓客的感受。

表5-12 在預訂真實瞬間員工服務關鍵點與賓客的感受

員工服務關鍵點	說明或賓客體驗與感受
涉及的員工 ◆ 總機接線員 ◆ 櫃臺接待員 ◆ 預訂部預訂員 ◆ 銷售部銷售經理 ◆ 服務中心話務員	◆ 酒店員工是否職業化 ◆ 是否經過適當的培訓 ◆ 是否值得信任 ◆ 酒店服務是否出色

續表

員工服務關鍵點	說明或賓客體驗與感受
鈴響三聲接聽電話 ◆ 微笑 ◆ 親切的聲音	◆ 職業化 ◆ 無須等候服務
親切的問候 ◆「早上好，這裡是新博亞酒店預訂，我是瑪麗，我可以幫您嗎？」	◆ 感到受尊敬 ◆ 預測服務也出色
獲得並稱呼賓客姓名 ◆「請問您貴姓？」「李先生，我來確定一下您的預訂……」	◆ 滿足尊重的需求，有滿足感 ◆ 感到自己很受尊重，很重要
感謝預訂，說再見 ◆「李先生，謝謝來電，祝您旅途愉快，再見。」	◆ 職業化 ◆ 親切 ◆ 可能會再次預訂

您認為在預訂真實瞬間員工服務的關鍵點還有哪些?請舉例說明。

◆ _____

◆ _____

案例5-1　關於預訂服務的案例

客人未到，服務先到

　　一天上午，美國客戶服務大師基特瑪先生接到一個電話，電話裡說：「早安，基特瑪先生！我是威姬，豪景酒店櫃臺主管。您預訂本月15日入住我們酒店，我今天打電話就是問問您有沒有特殊需要。」

　　「我的天啊！」基特瑪先生驚呆了。

　　過去幾年他曾住過幾百間酒店，唯有這家酒店服務最快，快到賓客一預訂，服務就開始。他大聲把威姬的話對辦公室的員工複述了一遍。大家起立為她的精彩服務鼓掌，感覺得到電話另一端威姬臉紅了。難忘的服務讓人喜出望外，這個電話給了基特瑪先生一個驚喜。

「威姬，其他人接到電話都有什麼反應呀？」基特瑪先生問道。

「都會吃一驚，當知道我們是在盡力滿足他們的需求時，就很開心。有一種喜悅、有價值、備受尊重的感覺吧。」

「那，他們都有些什麼要求呢？」基特瑪先生又問道。

「也沒什麼特別的，所以我們才打電話問啊。我們希望賓客不僅來住宿，而且有一個美好經歷。這個經歷開始於預訂。」

「他們接到電話也會像我一樣很吃驚嗎？」基特瑪先生又問。

「這個嘛，僅僅今天就有3個人驚喜得把話筒給掉了。」威姬在電話另一頭回答說。

「你們怎麼會想到打電話這個方法呢？」基特瑪先生窮追不捨地問。

「我們每週開會討論如何提供優質對客服務，絞盡腦汁想知道用什麼方法最能瞭解賓客的需求，以滿足並超過賓客的期望值。我們客務部經理說：『為什麼不打電話給有預訂的賓客，直接問他們呢？他們最知道自己需要什麼啊。』於是我們就在賓客預訂後、入住前一個星期，打電話詢問他們的需求。如果不問的話，我們就不知道他們的真正需求，如果不知道他們的真正需求，我們也就沒辦法給他們驚喜。」

威姬謙虛地說：「我們給預訂賓客打電話，才做了幾個星期，賓客的反應很好，大部分人需要的都是些小東西。但是他們很喜歡我們的電話，這讓他們覺得自己與眾不同。」

原來在預訂這個真實瞬間可以做這麼多的給賓客深刻印象的事情。

接站

接站包括在機場和火車站迎接賓客。大多數酒店有機場代表與火車站代表前往機場與火車站接送賓客。表5-13列出了機場接站真實瞬間員工服務關鍵點與賓客的感受。

表5-13 機場接站真實瞬間員工服務關鍵點與賓客的感受

員工服務關鍵點	說明或賓客體驗與感受
涉及的員工 ◆ 機場代表 ◆ 火車站代表 ◆ 司機 ◆ 其他接送人員	◆ 尚未真正抵店，已開始接受服務 ◆ 有些陌生，需要幫助 ◆ 心情有些激動 ◆ 也有些旅途的疲憊

員工服務關鍵點	說明或賓客體驗與感受
確認並稱呼賓客姓名 ◆ 舉歡迎牌或名牌 ◆ 上前詢問	◆ 感到受重視 ◆ 在需要幫助時得到幫助
提取行李上車 ◆ 幫助賓客提取行李 ◆ 拿行李或推行李車 ◆ 送賓客上車	◆ 在需要的時候得到了幫助 ◆ 感覺到自己受到禮遇 ◆ 有種與眾不同的感覺
沿途解說與介紹 ◆ 介紹城市 ◆ 介紹酒店 ◆ 與賓客聊天，了解賓客需求	◆ 滿足了解城市與酒店的需求 ◆ 獲得自己需要的訊息
與酒店聯繫 ◆ 通知禮賓行進的當前方位 ◆ 將賓客訊息發送回酒店 ◆ 酒店準備相應的迎接儀式	◆ 感受到自己的重要性 ◆ 尊重的需求得到滿足
辦理入住手續 ◆ 在機場等候行李時或車上位賓客辦理入住登記手續	◆ 節省在前台入住登記手續的時間，可直接護送進客房

您認為在接站真實瞬間員工服務的關鍵點還有哪些?請舉例說明。

◆ _____

◆ _____

案例5-2 關於機場接站的案例

經理助理機場接站

泰國曼谷東方文華酒店，一般都會派車到機場接自己酒店的賓客。據說，曼谷計程車很難攬到這樣的乘客。

東方文華酒店的機場代表稱作「經理助理」，這樣讓賓客感到自己所受到的禮遇不同——不是機場代表而是經理助理親自來接站。

經理助理接站時確認賓客姓名、幫助賓客提取行李，幫助賓客辦理入住登記手續，護送賓客上車，並把資訊傳遞給酒店。一路上，司機充當導遊向初次入住的賓客介紹本酒店、介紹城市。——新博亞酒店培訓提供

到酒店門前

到達酒店門前是賓客抵店的第一經歷，第一印象尤其重要。表5-14列出了在這一真實瞬間員工服務關鍵點與賓客的感受。

表5-14 到酒店門前真實瞬間員工服務關鍵點與賓客的感受

員工服務關鍵點	說明或賓客體驗與感受
涉及的人員 ◆ 泊車員 ◆ 行李員 ◆ 門童 ◆ 大廳副理	◆ 酒店門前是產生第一印象的地方 ◆ 門童與行李員的言行舉止會給人以深刻的印象
潔淨的環境	◆ 有舒適感
友好的問候 ◆ 快速幫賓客停放車 ◆ 快速幫賓客下行李	◆ 親切、受歡迎 ◆ 服務快捷
稱呼賓客的姓名 ◆ 訊息從機場代表處獲得 ◆ 從行李牌上獲得	◆ 感到驚喜

您認為在到酒店門前真實瞬間員工服務的關鍵點還有哪些?請舉例說明。

◆ _____

◆ _____

停車

隨著高速道路與汽車工業的發展,自駕車旅行越來越普及。自駕車入店賓客的第一需求是停車。表5-15列出了為賓客停車真實瞬間員工服務關鍵點與賓客的感受。

表5-15 為賓客停車真實瞬間員工服務關鍵點與賓客的感受

員工服務關鍵點	說明或賓客體驗與感受
涉及的人員 ◆ 停車場保全人員 ◆ 泊車員 ◆ 行李員	◆ 高貴、受到尊重 ◆ 管理有序、服務到位
停車場 ◆ 環境整潔 ◆ 照明良好 ◆ 標誌清晰	◆ 管理有序 ◆ 有條理,有良好的管理 ◆ 有安全感
泊車員 ◆ 快捷 ◆ 手續完善 ◆ 態度友好熱情	◆ 酒店員工的工作效率 ◆ 酒店員工的工作熱情

您認為在停車場真實瞬間員工服務的關鍵點還有哪些?請舉例說明。

◆ _____

◆ _____

進入大廳

賓客進入酒店大廳,對酒店留下了真實的第一印象。看到員工的笑臉,賓客感覺來到了一個受歡迎的地方。表5-16列出了進入大廳真實瞬間員工服務關鍵點與賓客的感受。

表5-16 進入大廳真實瞬間員工服務關鍵點與賓客的感受

員工服務關鍵點	說明或賓客體驗與感受
涉及的人員 ◆ 門童 ◆ 行李員 ◆ 銷售部員工 ◆ 禮賓 ◆ 公共清潔人員	◆ 賓客進入酒店的第一感受 ◆ 對酒店的第一印象 ◆ 周邊環境 ◆ 員工的氛圍

續表

員工服務關鍵點	說明或賓客體驗與感受
主動問候 ◆ 笑臉相迎 ◆ 主動向賓客問好	◆ 陌生之地受到歡迎 ◆ 員工與服務是否職業
提供訊息 ◆ 能夠向賓客提供可靠的訊息 ◆ 各種指示牌清晰可見	◆ 解決自己的疑慮與問題 ◆ 避免不知所措的情況
儀容儀表、儀表得體 ◆ 儀容儀表符合規範 ◆ 儀態大方得體	◆ 感受員工的精神面貌 ◆ 感受員工的士氣與工作氛圍

您認為在進入大廳真實瞬間員工服務的關鍵點還有哪些?請舉例說明。

◆ _____

◆ _____

案例5-3 關於進入大廳的案例

一條熱毛巾

美國對客服務大師基特瑪先生乘機前往夏威夷,這是他第一次去夏威夷。

7個小時的空中旅行讓人疲憊不堪。

主人到機場接機,給他戴上夏威夷的傳統花環以示歡迎。剎那間美麗的憧憬充滿了他的心間。

他拖著疲倦的身軀,踏入夏威夷王子大酒店的大廳。

一位身著酒店制服的員工微笑著對他說:「阿囉哈!」

然後遞給他一條熱呼呼的濕毛巾——啊!正是他所需要的,擦把臉,讓精神重

新振奮起來。

真是歡迎賓客的好方法，多麼體貼入微的待客之道啊！

對基特瑪先生來說，各家酒店，除了房間的價格、酒店大廳以及客房裡的小擺飾之外，幾乎沒有多大差別。然而這條熱毛巾卻讓他愣在那裡。

這確實是個驚喜——瞬間的驚喜——一條熱毛巾，讓夏威夷王子大酒店的形象深深印在他的心中。

如此令人難忘嗎？不過是一件微不足道的小事而已！然而在以後的日子裡，每當基特瑪先生入住酒店時，他總是東張西望地期待著熱毛巾的出現——當然，他的期望落空了，因為，熱毛巾再也沒有出現過。

其實，在中國，不僅是酒店，就是餐廳都會為賓客提供熱毛巾，而且還會幾次更換。歡迎基特瑪先生到中國體會優質對客服務。

櫃臺接待

櫃臺是賓客辦理入住登記手續的地方，這個環節的關鍵是快捷、熱情。賓客不喜歡排隊等候，更不喜歡被告知房間還沒有準備好。表5-17列出了櫃臺接待真實瞬間員工服務關鍵點與賓客的感受。

表5-17 櫃臺接待真實瞬間員工服務關鍵點與賓客的感受

員工服務關鍵點	說明或賓客體驗與感受
涉及的人員 ◆ 櫃臺接待員 ◆ 行李員 ◆ 禮賓 ◆ 大廳副理	◆ 賓客有什麼問題，首先想到的是致電櫃臺，或到櫃臺詢問
簡化入住登記手續 ◆ 預分房 ◆ 機場登記 ◆ 房內登記 ◆ 行政樓層登記	◆ 有一種愉悅的經歷 ◆ 核實姓名與身份，簽名確認，拿鑰匙進房間 ◆ 享受貴賓待遇 ◆ 提高賓客接待規格
微笑問候賓客 ◆ 微笑問候當前接待賓客 ◆ 微笑致意排隊等待賓客 ◆ 向10步遠的賓客微笑 ◆ 向5步遠的賓客問候	◆ 無論遠近都可以得到櫃臺接待員的微笑和問候 ◆ 有人留意到了自己 ◆ 有一種受到關照的踏實感

續表

員工服務關鍵點	說明或賓客體驗與感受
稱呼賓客的姓名 ◆ 獲取賓客姓名 ◆ 稱呼賓客姓名 ◆ 祝賓客入住愉快	◆ 感到親切 ◆ 有一個好心情 ◆ 感受到他人的關心和祝願
您認為在前台接待這個真實瞬間員工服務的關鍵點還有哪些?請舉例說明。 ◆ _____ ◆ _____	

案例5-4　櫃臺接待服務的案例

華盛頓希爾頓飯店的禮物

女兒安妮10歲時，新博亞首席培訓師珍妮女士帶她到美國東部旅行，入住美國華盛頓希爾頓酒店。

抵達時已是下午兩點鐘。

櫃臺3位接待員前面都排著隊，珍妮排在了後邊。

「您好！」櫃臺接待員是位中年婦女，她查了預訂，說房間還沒準備好。懷著對希爾頓飯店的特別期望，珍妮頓時感到很是失望。

這位笑容可掬、聲音甜美的櫃臺接待員感覺到了賓客的失望，她轉而對小安妮說：

「小朋友，是第一次到華盛頓嗎？」

「是的，我好累。」10歲的小安妮嘟著小嘴回答說。

「好的，好的，我知道你好累，你看，我們給第一次入住的小朋友準備了禮物，這個小包包你喜歡嗎？可以背在雙肩上，也可以背在身上呢！」

她從櫃臺下面拿出一個小背包送給了小安妮。

收到禮物，小安妮嘟著的小嘴笑開了，孩子高興了。

「好了，帶媽媽到那邊的咖啡廳休息一下，你們的房間只要15分鐘就可以準備好，你照顧媽媽沒有問題，對嗎？」櫃臺接待員微笑著對小安妮說。

可親的櫃臺接待員博得了孩子的支持：「走吧，媽媽！」小安妮拉著媽媽的手說。

還能說什麼呢，看到孩子高興的樣子，珍妮連忙道了謝，來到咖啡廳等候。

不到10分鐘，行李生拿著行李和房間鑰匙出現在她們面前……

這是一段愉快還是不愉快的經歷呢？——本案例由新博亞酒店培訓提供

引領賓客進房間

引領賓客進房間這個真實瞬間包括，陪同賓客乘電梯、上樓層、進客房、介紹房間設施、離開房間等過程。表5-18列出了引領賓客進房間真實瞬間員工服務關鍵點與賓客的感受。

表5-18 引領賓客進房間真實瞬間員工服務關鍵點與賓客的感受

員工服務關鍵點	說明或賓客體驗與感受
涉及的人員 ◆ 櫃臺接待員 ◆ 行李員 ◆ 大廳副理 ◆ 客房服務員 ◆ 公共衛生清潔人員	◆ 第一次入住賓客了解酒店設施及情況的極好機會 ◆ 酒店員工表現職業化的機會
乘電梯 ◆ 按電梯讓賓客先請 ◆ 稱呼賓客的姓名 ◆ 按電梯讓賓客先下	◆ 有禮貌 ◆ 受到禮遇 ◆ 有良好的培訓
上樓層 ◆ 介紹沿途酒店設施 ◆ 介紹防火通道	◆ 了解酒店情況 ◆ 了解安全通道情況
進客房 ◆ 介紹房間鑰匙使用方法 ◆ 開門取電，請賓客先行	◆ 各酒店的客房鑰匙並不相同，有必要了解使用方法 ◆ 受到禮遇
介紹房間設施 ◆ 向賓客介紹客房設施 ◆ 保險箱及電視的使用	◆ 了解客房設施 ◆ 保險箱及電視賓客使用頻率最高

續表

員工服務關鍵點	說明或賓客體驗與感受
離開房間 ◆ 祝賓客入住愉快 ◆ 稱呼賓客的姓名 ◆ 關門退出	◆ 表現酒店員工的職業素養 ◆ 感到受尊敬
您認為在引領賓客進客房真實瞬間員工服務的關鍵點還有哪些?請舉例說明。 ◆ _____ ◆ _____	

案例5-5　引領賓客進房間的案例

室友麥克

在紐約一間叫「Thirty-Thirty　Hotel」的經濟型酒店，沒有行李生服務，櫃臺也只有一位接待員在忙著。

新博亞首席培訓師珍妮女士辦了入住手續，拉著行李上了樓，打開門進到了自己的房間。

映入眼簾的是一張特大床，床上還有一隻玩具熊。放下手中的行李，看著小熊，珍妮情不自禁地微笑了。

在小熊的前面放著一張彩紙，上面寫著：

「您好！我是您的室友麥克，我希望您喜歡我，如果您有什麼需要的話，請給櫃臺打電話，電話號碼5656，千萬別忘了提我的名字哦，只要您一提我的名字，保

證什麼事情都會得到圓滿解決。我知道您已經喜歡上我了，不過儘管您喜歡，走時也不能把我帶走，如果您一定要把我帶走的話，請到櫃臺繳費20美元！」

珍妮笑得開心極了，這種對隻身在外旅行之人的理解非常感人。

作為一個隻身旅行的寂寞之人能夠笑得這樣開心，對珍妮來說還是第一次，也是非常開心的一次。

這隻可愛的小熊陪伴珍妮度過三個異鄉的夜晚。如果不是因為行李和厚厚的會議資料，她一定會把「室友麥克」一起帶回來。

事情過去很久了，珍妮還記著那位可愛的室友麥克。——本案例由新博亞酒店培訓提供

客房服務

客房是賓客購買的主要酒店產品。客房不僅為賓客提供一個休息場所，而且是賓客體驗優質對客服務並有一個愉快經歷的重要部分。表5-19列出了酒店客房服務真實瞬間員工服務關鍵點與賓客的需求。

表5-19 客房服務真實瞬間員工服務關鍵點與賓客的需求

員工服務關鍵點	說明或賓客體驗與感受
涉及的人員 ◆ 客房服務員 ◆ 客服文員 ◆ 客服清潔員 ◆ 客房主管 ◆ 服務員有禮貌，工作時不打擾賓客	◆ 客房是賓客購買的主要產品 ◆ 衡量一間酒店服務水平的重要指標

續表

員工服務關鍵點	說明或賓客體驗與需求
臥室 ◆ 房間寬敞明亮，有自然採光 ◆ 各種燈光照明正常 ◆ 空調溫度適中，可調節 ◆ 床上用品為棉織品，舒適 ◆ 電視頻道足夠多並有頻道提示 ◆ 保險箱、衣櫃寬敞好用 ◆ 迷你吧飲品齊全 ◆ 熨斗燙衣板借用方便快捷 ◆ 高速上網線及使用說明 ◆ 多語種電話使用說明 ◆ 咖啡壺或茶水壺 ◆ 咖啡、茶、小點心等免費品	 ◆ 臥室屬於私人空間，不希望被打擾 ◆ 有張舒適的床可以睡個好覺 ◆ 明亮的燈光便於看書或工作 ◆ 保險箱解決個人財物的安全問題 ◆ 舒適的或可調節的溫度 ◆ 商務客人喜歡使用自己的電腦上網 ◆ 休息時喝杯咖啡或茶提神 ◆ 需要服務時打電話會得到幫助
盥洗室 ◆ 盥洗室寬敞明亮 ◆ 通風良好，無異味 ◆ 洗手台潔淨，洗手台有客人放私人物品的空間 ◆ 浴巾、毛巾鬆軟潔淨 ◆ 蓮蓬頭有壓力 ◆ 馬桶潔淨消毒，衛生紙充裕 ◆ 洗髮精梳子等客用品擺放整齊 ◆ 沐浴玻璃門或浴簾潔淨 ◆ 吹風機要能夠造型	 ◆ 有些人對盥洗室的質量要求很高 ◆ 沐浴水壓要足 ◆ 沖水馬桶不能出故障 ◆ 很多人出門攜帶洗浴或化妝品，需要洗手台上有擺放的空間 ◆ 每天清早洗澡後要重新吹、做頭髮 ◆ 如果盥洗室沒有吹風機最好借用得到 ◆ 只有清潔鬆軟的毛巾才會舒適

您認為在客房服務的真實瞬間員工服務的關鍵點還有哪些？請舉例說明。

◆ _____

◆ _____

舒適的臥室

寬敞的房間

典雅的客廳
——由新博亞酒店培訓提供

案例5-6 關於客房服務的案例

難忘的客房服務

瑞查德先生是一位外交官，他因參加會議入住中國湖南長沙華雅華天國際大酒店。房間很舒適，浴廁也潔淨，晚上休息得不錯，一大早他就離開房間開會去了。

回來時，他發現房間已經整理一新。在枕頭上還有客房服務員的留言，那上面寫著：

「尊敬的瑞查德先生，

您好！

很高興能為您服務！在為您清理房間時，發現您喜歡睡一個枕頭，所以特意為您準備了一個具有保健功能的木棉枕頭，希望您能擁有一個好的睡眠，做個好夢！

長沙的天氣比較乾燥，開了一天的會累了吧，桌上為您準備了一杯菊花茶，但願它能消除您工作中的些許疲勞！

最後祝您住店愉快，會議取得圓滿成功！

12樓服務員：黃銀、羅衛、李慧玲」

瑞查德先生留意到原先的四個枕頭只剩下一個了，床頭櫃上還放著幾個服務員們親手疊的紙鶴，桌上的菊花茶還冒著熱氣呢！

在過去的幾年裡，瑞查德先生在世界各地出差住過的酒店有上百間，可這麼周到細緻的客房服務卻是第一次享受到。為了答謝周到的服務，他給服務員留了些小禮物。

第二天晚間回來時，瑞查德先生發現服務員們又給他留了紙條，那上面寫著：

「尊敬的瑞查德先生，

您好！

在華雅住了兩天，還習慣吧！昨晚睡得還好嗎？

謝謝您送給我們的禮物。其實那只是我們應該做的。當收到您的禮物時我們深感意外和激動。昨晚我們想了整整一夜，要準備一份什麼禮物回贈您。並且是親手做的，絞盡腦汁，最後我們一致決定書寫一首詩詞給您。字寫得不好，請原諒，也希望您能喜歡。

您的服務員：黃銀、羅衛、李慧玲」

瑞查德先生笑了。他讀著服務員們親筆抄寫的詩詞，感到非常親切。

三天的會議很快就結束了，瑞查德先生要走了。服務員們又書寫了一首王昌齡的《芙蓉樓送辛漸》送給瑞查德先生：

寒雨連江夜入吳，

平明送客楚山孤。

洛陽親友如相問，

一片冰心在玉壺。

服務員們的留言上寫著：

「我們最最敬愛的瑞查德先生，

您好！

得知您明天要離開的消息時，我們的心猶如打翻了五味瓶，説不出是什麼滋味。這是您離店前我們給您的最後一份留言。這一份留言我們想講一個故事給您聽。

今天我們無意間救了一個落難天使，天使為表救命之恩，許諾可以實現我們三個願望，只要是在她能力範圍內的。但只要願望一説出口，無論能不能實現都會算一個願望。

我們説出第一個願望：『希望時間能在此刻停止』，她搖著頭説，『對不起，我做不到，請説你們的第二個願望。』我們毫不猶豫地説：『希望瑞查德先生在以後的行程中一帆風順，身體健康。』天使笑著對我們説，『我一定會幫你們實現的，瑞查德先生是個好人，我是專門守護好人的天使。』她熱切地對我們説：『我知道你們前兩個願望都是為瑞查德先生而許，最後一個願望你們要考慮清楚，想想

你們自己哦！』我們點點頭，脫口而出：『希望我們有機會能再次為瑞查德先生服務！』她看著我們笑了，說：『短暫的離別是久別後的重逢。』聽到這句話我們笑了。

故事講完了，但心裡還是有些苦澀。像是喝了濃咖啡。我們知道您喜歡喝咖啡，但是您的工作本來就很忙很累，如果晚上休息不好就會影響您的身體健康。所以請記得，晚上千萬要少喝咖啡哦！

最後真誠地祝您：

身體健康

一帆風順

您的服務員：黃銀、羅衛、李慧玲」

瑞查德先生離店了。

他帶上了服務員們給他的所有留言，還有那兩首詩詞，對了，還有那些紙鶴和長沙華雅華天國際大酒店的客房服務員的祝福！——本案例由新博亞酒店培訓提供

叫醒服務

賓客有重要事情要早起或在確定的時間起床時，會叫總機或櫃臺提供叫醒服務。叫醒時間的準確性和可信賴性是關鍵。表5-20列出了叫醒服務真實瞬間員工服務關鍵點與賓客的感受。

表5-20 叫醒服務真實瞬間員工服務關鍵點與賓客的感受

員工服務關鍵點	說明或賓客體驗與感受
涉及的人員 ◆ 總機接線員 ◆ 櫃臺接待員 ◆ 值班經理 ◆ 客房服務員	◆ 賓客多數趕飛機或出席重要會議時會要求叫醒服務 ◆ 對酒店服務的信任
確認叫醒時間 ◆ 複述以確認叫醒服務時間 ◆ 祝賓客晚安	◆ 與櫃臺確認叫醒服務時間，才會安心入睡
提供叫醒服務 ◆ 親切的問候 ◆ 提供個性化服務，如「今天外面降溫6°C，您外出的話，一定要加一件外套」 ◆ 稱呼賓客的姓名	◆ 清晨間候讓人感到親切 ◆ 感到溫暖 ◆ 服務有個性
人工叫醒服務服務 ◆ 電話無人接聽的確認方式 ◆ 抱歉打擾 ◆ 個性化服務，如「姜小姐，您叫的出租車將在20分鐘後在酒店等您，行李員會在15分鐘後到您的房間幫您拿行李。姜小姐，祝您旅遊愉快，再見」	◆ 服務可靠
您認為在叫醒服務的真實瞬間，員工服務的關鍵點還有哪些？請舉例說明。 ◆ _____ ◆ _____	

房內用膳

有些賓客會要求房內用膳。豪華酒店提供24小時房內用膳服務。表5-21列出了房內用膳真實瞬間員工服務關鍵點與賓客的感受。

表5-21 房內用膳真實瞬間員工服務關鍵點與賓客的感受

員工服務關鍵點	說明或賓客體驗與感受
涉及的人員 ◆ 房內用膳接單員 ◆ 廚師 ◆ 酒吧 ◆ 送餐員	◆ 賓客要房內用膳，有的是趕時間，有的是享受房內用膳服務
接受預訂 ◆ 稱呼賓客姓名 ◆ 複述訂餐內容 ◆ 確認送餐時間	◆ 感到受尊重 ◆ 職業化 ◆ 掌握時間安排
送餐 ◆ 保證飯菜品質 ◆ 準時送餐 ◆ 稱呼賓客姓名 ◆ 布置用餐檯	◆ 飯菜可口 ◆ 時間準時 ◆ 受到尊重 ◆ 得到享受
結帳 ◆ 確認結帳方式 ◆ 結帳 ◆ 祝賓客用餐愉快	◆ 職業化 ◆ 保持一個愉快的心情 ◆ 有一個愉快的經歷

您認為在房內用膳的時刻員工服務的關鍵點還有哪些？請舉例說明。

◆ _____

◆ _____

案例5-7 關於房內用膳的案例

一碗湯麵

新博亞首席培訓師珍妮女士，在一間五星級度假酒店休假。這是一間別墅式酒店。

下午2點，她點了房內用膳，要一份湯麵。20 分鐘後，送餐員用托盤端著湯麵進來了，把湯麵放在了餐桌上。

珍妮簽了單，看了一眼那湯麵，饑腸轆轆的她卻沒有胃口。原來這間度假酒店是別墅式的，由於距離遠，用電瓶車送餐。那湯麵放在一個大碗裡，沒有加蓋，一路的顛簸震盪，托盤裡都是湯，口布也濕了。結果這碗湯麵一口未動。

一碗雲吞麵

珍妮女士入住廣州花園酒店時，也點了房內用膳，要一份雲吞湯麵——一份湯麵，外加幾個雲吞而已。不到20分鐘，送餐員用托盤端著雲吞湯麵進來了，把湯麵放在茶几上。

送餐員把蓋在麵碗上的保鮮膜拿掉，碗裡只有麵和雲吞卻沒有湯！只見送餐員從攜帶的保溫瓶中把湯倒進碗中。托盤上墊著乾乾淨淨的白色口布，配的小菜很可口，保溫瓶中還有額外的一小碗湯，正是珍妮想要的！

這一餐珍妮吃得津津有味，物有所值，省了時間也吃得開心！——本案例由新博亞酒店培訓提供

客用品借用

很多酒店客房配備了賓客可能需要的用品。而有些酒店需要借用，賓客需要時致電客房服務中心借用，不需要時由客服中心集中保管。表5-22列出了客用品借用真實瞬間員工服務關鍵點與賓客的感受。

表5-22 客用品借用真實瞬間員工服務關鍵點與賓客的感受

員工服務關鍵點	說明或賓客體驗與感受
涉及的人員 ◆ 客房服務中心文員 ◆ 櫃臺接待員 ◆ 行李員 ◆ 客房服務員	◆ 像熨斗和燙衣板、吹風機、插座等物品，有的酒店需要借用 ◆ 賓客旅行不方便攜帶這些東西，如果房間沒有配備的話會向酒店臨時借用
保證滿足賓客需求 ◆ 備齊客用品 ◆ 調配使用，滿足賓客需求 ◆ 稱呼賓客姓名	◆ 需要得到滿足 ◆ 感到很方便快捷
快速送到房間 ◆ 在保證的時間內送到客房 ◆ 按賓客要求送上所需物品 ◆ 稱呼賓客姓名	◆ 按時收到所需要的物品 ◆ 受到員工的尊重

您認為在客用品借用的真實瞬間員工服務的關鍵點還有哪些？請舉例說明。

◆ _____

◆ _____

案例5-8 關於客用品借用的案例

一塊熨衣板的故事

美國服務大師基特瑪先生入住美國堪薩斯市郊的一間酒店。

一進客房，他就開始尋找熨斗和熨衣板。沒有。於是打電話到櫃臺：「可以幫我送一個熨斗和一個大型熨衣板嗎？」

10分鐘後，客房服務員敲門，送來一個熨斗和熨衣板。「這個熨衣板太迷你了，我要一個大的。」基特瑪先生說道。

「我們沒有大型熨衣板，對不起，先生！」

基特瑪先生又打電話給櫃臺，請他們送一個大型熨衣板。回答是：「對不起，酒店沒有大型熨衣板。」

基特瑪先生決定自己動手滿足自己的需求。他開車到兩公里外的沃爾瑪超市買了一個大型熨衣板，價值12.88美元。

他抱著熨衣板從酒店大廳走過時，吸引了眾多的目光。

酒店總經理決定為基特瑪先生付費，被拒絕了，熨衣板捐給酒店，為大塊頭的商務賓客借用。

基特瑪先生說，12.88美元，優質服務的形象就建立起來了。酒店員工如果說：

「基特瑪先生，一塊大型熨衣板對您來說那麼重要嗎？」

基特瑪先生會回答說：「非常重要。」

「那好吧，如果您願意等15分鐘的話，我給您變一塊大型熨衣板出來。」這才是基特瑪先生想聽的，但事實卻不是這樣！

—— 本案例根據傑佛瑞‧基特瑪《客戶服務聖經》案例改編

賓客用電話

電子資訊管理系統與自動電話交換機（程控電話），使得賓客在自己的房間裡可以接收世界各地的電話，減少了酒店總機工作量。表5-23列出了賓客用電話真實瞬間員工服務關鍵點及其說明。

表5-23 賓客用電話真實瞬間員工服務關鍵點及其說明

員工服務關鍵點	說　明
涉及的人員 　◆ 客房服務員 　◆ 行李員 　◆ 總機 　◆ 櫃臺接待員 　◆ 大廳副理	◆ 雖然越來越多的人在旅行中使用手機,且酒店客用電話仍被賓客廣泛使用 ◆ 賓客要報知家中平安到達的訊息 ◆ 要與公司取得業務聯繫
電話使用說明書 　◆ 電話使用說明書 　◆ 說明卡 　◆ 直接印在電話機上	◆ 程控電話很方便,但需要了解使用方法 ◆ 多語言電話使用說明書提供方便
員工告知電話使用功能 　◆ 電話指導如何使用 　◆ 人工指導如何使用	◆ 不具備多語種使用說明書的,員工可人工提供使用說明
人工轉接 　◆ 打進打出電話仍需人工轉接的 　◆ 轉接到正確的房間 　◆ 問清賓客是否要接聽	◆ 人工轉接錯誤率高 ◆ 直接轉接很方便 ◆ 房間號最容易出錯

您認為在賓客用電話的真實瞬間員工服務的關鍵點還有哪些?請舉例說明。

◆ _____

◆ _____

在酒吧

酒店的酒吧是一個社交場所,也是出差人打發時間的地方。表5-24列出了問候賓客、與賓客聊天、收取賓客帳單等在酒吧真實瞬間員工服務關鍵點與賓客的感受。

表5-24 在酒吧真實瞬間員工服務關鍵點與賓客的感受

員工服務的關鍵點	說明或賓客體驗與感受
涉及的人員 ◆ 酒吧服務員 ◆ 調酒師	◆ 酒吧最能體現員工待客服務水平
問候賓客 ◆ 親切熱情 ◆ 稱呼賓客姓名	◆ 感到受歡迎 ◆ 感到受尊重
與賓客聊天 ◆ 不談及政治與信仰 ◆ 尊重賓客	◆ 不喜歡敏感的話題 ◆ 喜歡尊重自己與自己的國家和民族
收取賓客帳單 ◆ 確認付帳方式 ◆ 收取帳單 ◆ 稱呼姓名 ◆ 與賓客道別	◆ 讓賓客感到隨意 ◆ 感到受歡迎 ◆ 下次再來

您認爲在顧客在酒吧的眞實瞬間員工服務的關鍵點還有哪些？請舉例說明。

◆ _____

◆ _____

使用客房浴室

客房浴室是最能體現酒店對客服務品質的地方。表5-25列出了使用客房浴室眞實瞬間員工服務關鍵點與賓客的感受。

表5-25 使用客房浴室真實瞬間員工服務關鍵點與賓客的感受

員工服務關鍵點	說明或賓客體驗與感受
涉及的人員 ◆ 客房服務員 ◆ 客房清潔員 ◆ 客房主管	◆ 賓客每天有很多時間花費在客房浴室 ◆ 客房浴室舒適度非常重要

續表

員工服務關鍵點	說明或賓客體驗與感受
浴室衛生 ◆ 潔淨和溫馨 ◆ 明亮 ◆ 衛生	◆ 用起來放心 ◆ 願意花時間在浴室
客用品配備 ◆ 浴室毛巾和浴巾寬大、厚實、鬆軟 ◆ 吹風機功率大	◆ 感覺舒適，感覺好 ◆ 可隨意造型
浴室設備 ◆ 淋浴噴頭大而有力 ◆ 水壓足夠	◆ 爽快，過癮 ◆ 舒適度高
您認為在客房浴室的真實瞬間員工服務的關鍵點還有哪些？請舉例說明。 ◆ _____ ◆ _____	

餐廳用餐

賓客到酒店中西餐廳用餐，是享受與品味酒店餐飲服務水準的真實瞬間。表5-26列出了迎賓員引位、服務員向賓客推薦菜餚、席間服務與結帳等真實瞬間員工服務關鍵點與賓客的感受。

表5-26 餐廳用餐真實瞬間員工服務關鍵點與賓客的感受

員工服務關鍵點	說明或賓客體驗與感受
涉及的人員 ◆ 餐廳迎賓員 ◆ 餐廳服務員 ◆ 餐廳收銀員 ◆ 廚房廚師	◆ 民以食爲天，賓客會多次在酒店用餐 ◆ 這個環節是酒店員工與賓客接觸最密切的時段 ◆ 與賓客服務距離近，服務時間長，優質服務機會多
迎賓員引位 ◆ 微笑問候 ◆ 稱呼賓客姓名 ◆ 選擇個性化位置	◆ 感到受歡迎 ◆ 受到禮遇 ◆ 受到特別關照

續表

員工服務關鍵點	說明或賓客體驗與感受
向賓客推薦菜餚 ◆ 了解賓客的口味要求 ◆ 推薦符合賓客要求的菜餚	◆ 享受菜餚 ◆ 享受服務
席間服務 ◆ 稱呼賓客姓名 ◆ 觀察所需服務	◆ 在需要得到服務的時候，服務就出現了 ◆ 受到關注 ◆ 點到符合自己的菜餚
結帳與賓客說再見 ◆ 正確結帳 ◆ 稱呼賓客姓名 ◆ 歡迎賓客再來	◆ 快捷的服務讓人愉悅 ◆ 受到尊重 ◆ 還會再來

您認爲在餐廳用餐的時刻員工服務的關鍵點還有哪些？請舉例說明。

◆ _____

◆ _____

案例5-9　關於餐廳用餐的案例

中餐廳的一副西餐具

新博亞首席培訓師珍妮女士，到中國南京金陵飯店梅宛中餐廳就餐。

她喜歡南京的鹽水鴨，味道可口，百吃不厭，但不喜歡吃鴨皮。於是，她就用筷子當做刀叉，左右手各拿一支筷子，笨拙地剝起了鴨皮。

這時，一位身著中式旗袍的餐廳服務員輕輕地把一副西餐刀叉遞了過來，珍妮連連道謝，這可解了燃眉之急呀！

這一餐的感覺非常好。

幾個月之後，珍妮再次來到這間餐廳用午餐。

服務員輕輕拉椅讓座，珍妮一低頭，發現自己面前筷架上擺著一雙筷子，但餐盤的兩邊還擺了一副西餐刀叉。

她暗想到，這餐飯有一道西式菜，或是中菜西吃的菜餚。鮑汁鵝掌就是中餐西吃，用的是西餐刀叉。

落座後她注意到，其他人的餐位上並沒有西餐具，心裡不禁有點納悶。

就在這時，南京鹽水鴨上來了。

珍妮恍然大悟，原來餐廳記錄了賓客的用餐特點，並以此滿足賓客的特殊需求。

那可口的鹽水鴨配上西餐具味道特別鮮美……　—— 本案例由新博亞酒店培訓提供

案例5-10　關於餐廳用餐的案例

美國奧蘭多廚師長

新博亞首席培訓師珍妮女士應邀前往美國奧蘭多一間酒店，體驗著名的「Home of the Hospitality（待客之家）」服務。

Valet（泊車生），歡快地跑過來，打開車門，微笑著問好，把車開走了。

餐廳迎賓小姐熱情微笑，拿著菜單引領珍妮一行進入餐廳，拉椅讓座，「Madam, please」（女士，請坐）放下菜單離開了。

餐廳很大，座無虛席。一位身著廚師制服的廚師正與一桌賓客聊著，看那高高的廚師帽便知是行政總廚。

珍妮一行很快點好了菜。她留意到那位行政總廚在和每一張餐桌的賓客打招呼。瞧，他向珍妮這桌走來。「嗨，你們好！看來你們是遠道來客。」他笑著說。

「是的，來自中國。」

「我沒有去過中國，聽說那是一個很美麗的地方。你們點菜了嗎？」

「點過了。」珍妮一行回答說。

「讓我看看都點了些什麼？」於是，珍妮一行告訴他，每人點了一份湯和一份主菜，還有份沙拉。

「來自中國的朋友只點一份蔬菜湯和一份紐約牛排嗎？那怎麼行！你們一定要嘗嘗我的前菜（Appetizer）。這樣吧，既然你們已經點菜了，我送你們四道前菜，大家分享都嘗一下，好不好？」

「好啊，好啊。」珍妮一行急忙道謝。

「您做什麼工作？」行政總廚問珍妮。

「我是酒店業培訓師。」珍妮回答道。

「培訓師呀，了不起！酒店培訓師，您想不想看看我的廚房？」行政總廚問道。

「太想了！」做酒店培訓的，最想看而通常看不到的就是廚房了。那可是一塊聖地喲，不是一般人能夠進去看的！

珍妮一行興致勃勃地跟著行政總廚來到廚房，開放部分，用玻璃與賓客用餐區隔開，看得到廚師怎麼做菜，怎麼出菜。後臺部分，賓客看不到的準備和加工區。冷凍部分，儲藏食品用的。

行政總廚邁出廚房，放下了神祕面紗，做起對客服務工作，他與每位賓客打招呼，還帶「老外」參觀廚房。對珍妮來說，這是一次難忘的經歷。這間酒店確是不負盛名的「待客之家」。珍妮女士稱這次用餐為「最愉快、最難忘、最物有所值的用餐經歷」。—— 本案例由新博亞酒店培訓提供

退房

賓客離店退房的最大問題是排隊、查房、帳單出錯。表5-27列出了在賓客退房真實瞬間員工服務關鍵點及賓客的感受。

表5-27 退房真實瞬間員工服務關鍵點及賓客的感受

員工服務關鍵點	說明或賓客體驗與感受
涉及的人員 ◆ 收銀員 ◆ 櫃臺接待員	◆ 賓客若需排隊等候結帳退房會很讓人惱火 ◆ 想辦法解除這個煩惱給人留下深刻印象
快速退房 ◆ 帳單在清晨送進客房 ◆ 在房間，通過電視終端，或是電話退房 ◆ 需要信用卡保證	◆ 方便，無須到櫃臺辦理退房手續 ◆ 簡單，容易操作
櫃臺退房準備 ◆ 離店賓客的退房準備 ◆ 免查房	◆ 減少排隊等候的時間 ◆ 受到禮遇

續表

員工服務關鍵點	說明或賓客體驗與感受
歡迎賓客再來 ◆ 稱呼賓客姓名 ◆ 歡迎賓客再來	◆ 感到受歡迎，受尊重 ◆ 還會再來
您認為在賓客結帳退房的時刻員工服務的關鍵點還有哪些？請舉例說明。 ◆ _____ ◆ _____	

賓客離店

快速退房解決了排隊問題，達到了「快」的要求，卻少了「個性化」的一面，沒有了酒店員工與賓客面對面的交流，得不到來自賓客的正面和負面的回饋。表5-28列出了賓客離店後真實瞬間的繼續。

賓客離店後，真實瞬間的鍵條仍在繼續，如保存客史檔案，在節假日或是重大日子給賓客打電話，或是發電子郵件、明信片表示祝賀，通報酒店的新產品和服務等。

表5-28 賓客離店真實瞬間員工服務關鍵點與賓客的感受

員工服務關鍵點	說明或賓客體驗與感受
涉及的人員 ◆ 銷售經理 ◆ 預訂員 ◆ 公關人員	◆ 仍然受到關照 ◆ 有機會再來
客史檔案 ◆ 整理並保存客史檔案 ◆ 在集團酒店共享客史檔案	◆ 集團旗下所有酒店為賓客提供個性化服務 ◆ 賓客有尊貴之感覺
與賓客的聯繫 ◆ 節假日給賓客發電子郵件 ◆ 明信片祝賀 ◆ 通報酒店新產品與服務	◆ 記起酒店和員工 ◆ 有機會再回來 ◆ 了解酒店新產品與服務

您認為在賓客離店的時刻員工服務的關鍵點還有哪些？請舉例說明。

◆ _____

◆ _____

案例5-11 關於會議服務的案例

一杯薑煮可樂

新博亞首席培訓師珍妮女士，在中國南京金陵飯店做一次為期五天的酒店管理培訓。

課程由美國普渡大學旅遊學院院長和美國某萬豪酒店總經理主講，珍妮做翻譯。

第三天上午，課程一開始，珍妮覺得嗓子有點沙啞，於是把麥克風關掉，輕咳了幾聲。小聲說：「對不起，有點感冒，嗓子有雜音。」然後把麥克風打開。

課程繼續著。

課間休息時，身著中式旗袍的會議女服務員輕盈地用托盤端了一大杯薑煮可樂，她輕聲說：「珍妮小姐，薑煮可樂是治感冒的，對嗓子也好。趁熱喝了吧。」

珍妮捧著這杯薑煮可樂，很是感動，會議服務員這麼心細，在會場上看不到她們，可她們卻能瞭解到自己的需求。

講臺上總是有幾支削得尖尖的鉛筆和一沓記錄紙，冰水杯總是滿滿的，裡面總是有冰塊。

珍妮當時大聲地說：

「滾燙的薑汁可樂喝在嘴裡，暖在心上，感謝宴會服務員的關照。謝謝！」

會場上響起喝彩的掌聲…… —— 本案例由新博亞酒店培訓提供

案例5-12　優質對客服務的案例

特別的義大利餐廳

新博亞首席培訓師珍妮女士入住南非德爾班市的皇家酒店，據說這間酒店有100多年的歷史呢。

入住登記過程很是讓人愉快，櫃臺接待員不停地稱呼著「珍妮小姐」。

珍妮決定到外面一家義大利餐廳用晚餐，並做了預訂。她致電櫃臺叫了輛計程車。

10分鐘後珍妮下了樓，行李生已經等候在電梯旁，他引領珍妮出了酒店大門。行李生邊走邊說：

「珍妮小姐，您出去用晚餐，一定要乘同一輛計程車回來，德爾班市很不安全，在車上請一定要把車門鎖好。到餐廳後，先不要下車，等餐廳門開了，有人接

您進去。」

珍妮覺得很奇怪，難道餐廳的門是關著的嗎？她道了謝，上了等候在外面的計程車。行李生又用本地語向計程車司機做了交代。

到了餐廳，果然餐廳那厚厚的防盜門是關著的！計程車司機下車叫開了門，經理出來了，司機陪珍妮進了餐廳，遞給經理一張名片，說賓客用完餐後給他打電話來接賓客回酒店。

早就聽說德爾班市不安全，但珍妮此時感受到的卻是關照和安全。出門在外處處得到關照，感覺特別好。

南非皇家酒店，給珍妮女士留下了極深的印象。她期待著有一天再次入住南非德爾班市的皇家酒店。—— 本案例由新博亞酒店培訓提供

浙江寧波南苑飯店的對客服務

新博亞首席培訓師珍妮女士應邀到浙江寧波南苑飯店，為酒店中層管理人員做「酒店業督導技能HSS培訓」。

到達南苑飯店的前一天，珍妮女士患上了重感冒，發燒、咳嗽。到達寧波，在酒店辦理了入住手續後，她步出酒店，在附近的藥店買了止咳藥、退燒藥、消炎藥。

或許是用藥及時，第二天上午的課程基本沒受到影響。

午餐安排在中餐廳。

席間，中餐服務員送上了一大杯薑煮可樂，說是可以治感冒，鎮咳，對嗓子也有好處。

下午的課也還算順利，珍妮感到學員並未留意到自己感冒了。

晚餐安排在西餐廳。

本地著名的海鮮自助餐，品種之多，服務之周到，讓人充分感受到五星級酒店的服務氛圍。

席間，西餐服務員也給培訓師珍妮送上了一杯滾燙的薑煮可樂！

晚餐結束，珍妮回到房間。她發現在書桌電腦旁放著一大杯熱得燙手的梨煮糖水！

杯子旁邊那張印著店徽的便條上面寫著：

「珍妮老師，您辛苦了，梨煮糖水是止咳的，以後我們每天中午和晚間都會給您送一杯梨煮糖水，直到您恢復健康。祝您早日康復。」

五天的培訓結束了。培訓師珍妮的感冒也好了。但她的心情卻不能平靜，每天得到從餐廳服務員到客房服務員的悉心照料，感受著明星服務，感受著感冒之苦和內心的快樂！——本案例由新博亞酒店培訓提供

‖ 對客服務技能達標測試

下面關於對客服務的測試問題用於測試您的對客服務技能。在「現在」欄做一遍，並在兩週、四週後分別再做一遍這些測試題，看看自己的對客服務技能是否有進步。提高自己的對客服務技能，您一定會成為一名優質對客服務的經理！

現在	兩週後	四週後	測試問題
☐	☐	☐	1.我知道對客服務的定義是什麼
☐	☐	☐	2.我知道賓客的期望值是什麼
☐	☐	☐	3.我知道酒店業產品與服務的特點是什麼
☐	☐	☐	4.我知道如何計算賓客的價值
☐	☐	☐	5.我知道賓客不滿意的代價
☐	☐	☐	6.我知道賓客對價值和服務的感知從哪裡來
☐	☐	☐	7.我知道對客優質服務的好處及難度
☐	☐	☐	8.我知道對客服務真實瞬間的含義
☐	☐	☐	9.我知道預訂真實瞬間員工服務關鍵點與賓客的感受

續表

現在	兩週後	四週後	測試問題
☐	☐	☐	10.我知道接站的真實瞬間員工服務關鍵點與賓客的感受
☐	☐	☐	11.我知道到酒店門前的真實瞬間員工服務關鍵點與賓客的感受
☐	☐	☐	12.我知道停車的真實瞬間員工服務關鍵點與賓客的感受
☐	☐	☐	13.我知道進入大廳的真實瞬間員工服務關鍵點與賓客的感受
☐	☐	☐	14.我知道前台接待的真實瞬間員工服務關鍵點與賓客的感受
☐	☐	☐	15.我知道引領賓客進房間的真實瞬間員工服務關鍵點與賓客的感受
☐	☐	☐	16.我知道叫醒服務的真實瞬間員工服務關鍵點與賓客的感受
☐	☐	☐	17.我知道房內用膳的真實瞬間員工服務關鍵點與賓客的感受
☐	☐	☐	18.我知道客用品借用的真實瞬間員工服務關鍵點與賓客的感受
☐	☐	☐	19.我知道餐廳用餐的真實瞬間員工服務關鍵點與賓客的感受
☐	☐	☐	20.我知道賓客離店的真實瞬間員工服務關鍵點與賓客的感受

合計得分：

第六章 解決問題——做一個正確決策者

本章概要

解決問題與決策技能水準測試決策過程

決策要素

決策方式

決策類型

正確決策

決策案例

確定問題及決策目標

收集資料分析問題

找出多種解決方案

選擇最佳解決方案

實施決策

決策評估

解決工作問題

工作問題產生的根源

集體解決工作問題法

集體解決問題法的步驟

集思廣益提出問題

優先解決首要問題

確定可行解決方案

執行最佳解決方案

評估方案執行效果

解決員工問題

解決員工問題的結果

雙贏解決問題法

解決問題與決策技能達標測試

培訓目的

學習本章「解決問題——做一個正確決策者」之後，您將能夠：

☆瞭解決策的要素、決策的方式及決策的類型

☆瞭解如何做出正確決策的方法與步驟

☆瞭解如何用集體解決問題法解決工作問題

☆瞭解如何用雙贏法解決員工問題

☆學習如何解決問題，如何做出正確的決策

「你們餐廳上菜太慢了！」

「你們餐廳上菜太慢了！」

這是中餐廳經理艾麗絲在新菜單實行後的一週內得到的第七次投訴。看來上菜慢的問題影響了對客服務，必須要解決了。

於是她召集有關服務員、傳菜員以及廚師開會，集體解決上菜慢的問題。

在開會之前，艾麗絲仔細研究了投訴賓客點的菜餚，發現這些賓客都未點「廚師特選」，而是點2-4號菜餚。

會議開始了，艾麗絲說：「讓我們集思廣益提出意見，看看有什麼辦法能夠解決上菜慢的問題。是什麼原因導致上菜慢呢？」

「是廚房的菜出不來。」服務員瑪麗說。

「是服務員的點菜單沒寫清楚，因此耽誤了出菜。」熱菜廚師長說。

「有時是配菜沒準備好。」廚師王春慢悠悠地說。

「是傳菜員人手不夠，菜做出來不能及時送到餐廳。」傳菜員湯姆說。

「很好，都非常有道理，還有哪些原因？」艾麗絲鼓勵大家繼續說下去。

「還有就是，2-4號菜本身需要蒸煮的時間長，我們也沒辦法。」廚師主管強恩說。

「很好，還有什麼？」艾麗絲繼續說。

大家你看看我，我看看你，搖搖頭：「沒有了，就這些吧。」

艾麗絲笑了笑說：「看來，新菜單上菜慢的原因找到了，就是2-4號菜的蒸煮時間長，廚房不能按時出菜，傳菜員人手不足，有時菜出來不能及時送到賓客手中，

服務員下單時有時沒寫清楚，廚師看不明白而耽誤了出菜。對了，還有配菜廚師人手不夠，有時配菜出不來。大家看看是不是這些原因？」

「是的」。大家異口同聲地說。

「好，上菜慢的原因找到了，下面讓我們來看看如何解決這些問題吧！」

解決問題小組的會議繼續著……

‖ 解決問題與決策技能水準測試

下面關於解決問題與決策測試問題用於測試您的解決問題與決策水準。選擇「知道」為1分，選擇「不知道」為0分。得分高，說明您對解決問題與決策技能理解深刻，有可能在工作中加以運用；得分低，說明您有學習潛力，學到新知識，將來會在工作中加以運用。

知道	不知道	測試問題
☐	☐	1.我知道決策的三要素是什麼
☐	☐	2.我知道決策的方式有哪些
☐	☐	3.我知道有哪些決策類型
☐	☐	4.我知道正確決策的六個步驟是什麼
☐	☐	5.我知道如何確定問題及決策目標
☐	☐	6.我知道如何收集資料分析問題
☐	☐	7.我知道如何找出多種解決方案
☐	☐	8.我知道如何選擇最佳方案
☐	☐	9.我知道如何實施決策
☐	☐	10.我知道如何進行決策評估
☐	☐	11.我知道經理常常遇到的、要解決的問題是什麼
☐	☐	12.我知道問題的產生根源不外乎資源、人員與體制因素
☐	☐	13.我知道集體解決問題的利弊
☐	☐	14.我知道如何用雙贏解決問題法解決員工問題
☐	☐	15.我知道集體解決問題的步驟是什麼
☐	☐	16.我知道如何集思廣益提出問題
☐	☐	17.我知道如何優先解決首要問題
☐	☐	18.我知道如何確定可行解決方案
☐	☐	19.我知道如何執行最佳解決方案
☐	☐	20.我知道如何評估方案執行效果

合計得分：

決策過程

人們每天在日常生活中都要做出各種各樣的決策。酒店經理在工作中的決策，稱為管理決策。管理決策，有其獨特的決策要素、決策方式以及決策類型。

決策要素

酒店經理的管理決策權，來源於管理職位與職責。管理職位與職責高的，做宏觀決策；管理職位與職責低的，做微觀或具體決策。

　　管理決策，是指從為實現某一具體目標而制訂的多種行動方案中選擇最佳行動方案並實施的過程。

　　最佳行動方案，是對酒店企業和員工風險最小、利益最大的方案。正確的決策是以最佳行動方案達到具體目標的行動過程。表6-1列出了管理決策的要素及其說明。

表6-1 管理決策的要素及其說明

決策要素	說　明
選擇	◆ 行動方案不是唯一的，而是具有兩個以上的選擇 ◆ 選擇是有意識、有目的、有針對性的 ◆ 促使行動方案的發生，而非聽憑事情的發展
具體目標	◆ 決策要有一個具體的目標或目的 ◆ 解決某一具體問題，達到某一個具體結果 ◆ 說明「為什麼」要做這樣的選擇
行動方案	◆ 說明的是「怎麼做」的問題 ◆ 針對具體目標的具體做法 ◆ 選擇最能夠達到具體目標的最佳行動方案

您如何理解管理決策的三要素？請舉例說明。

◆ ＿＿＿＿＿＿＿＿＿＿＿＿＿＿＿＿＿＿＿＿＿＿＿＿＿＿＿＿＿＿

◆ ＿＿＿＿＿＿＿＿＿＿＿＿＿＿＿＿＿＿＿＿＿＿＿＿＿＿＿＿＿＿

決策方式

　　經理們有各自不同的決策方式。有建立在科學基礎上的決策，也有直覺型決策。表6-2列出了酒店經理的決策方式及其說明。

表6-2 酒店經理決策方式及其說明

決策方式	說　明
科學決策	◆ 列出目標，調查研究，比較各種行動方案，選擇最能達到目標的最佳方案 ◆ 需要時間 ◆ 適合於重大決策和高層決策
直覺型決策	◆ 本能、直覺的反應，自己感覺正確的決策 ◆ 背後有知識、經驗和推理支持 ◆ 富有創新精神，聰慧，有遠見和抱負 ◆ 決策結果未必正確
難做決策	◆ 思慮過多，猶豫不決 ◆ 不斷向他人討教，就是下不了決策決心 ◆ 不能及時決策，令員工沮喪
衝動決策	◆ 憑一時衝動，即興決策 ◆ 既不看事實，也不憑直覺 ◆ 決策正確率低，常常讓人失望

您認為自己的決策屬於哪種方式？請舉例說明。

◆ _____

◆ _____

決策類型

　　酒店經理每天要做各種決策，包括採購、對客服務、員工配置、完成經營指標的方式等。表6-3列出了酒店經理決策類型及其說明。

表6-3 酒店經理決策類型及其說明

決策類型	說　明
簡單決策	◆ 日常工作的一部分，決策容易簡單，有過去的經驗和方法做依據 ◆ 例如，每週員工排班，員工請假或休假安排 ◆ 例如，員工工作任務分配
標準化決策	◆ 有固定的做法或是約定俗成的解決方法 ◆ 針對反覆出現的需要決策的情況 ◆ 以酒店企業標準化管理方法而定
重大決策	◆ 可能會影響到他人，有很多因素需要考慮 ◆ 決策錯誤會導致嚴重後果的 ◆ 例如，招聘、授權、推出新菜單、餐廳裝修等
緊急決策	◆ 突發事件，需要立即做出決策 ◆ 迅速判斷、思考並做出決定的能力
解決問題決策	◆ 尋找問題的原因 ◆ 做出相應的決策
根據規定決策	◆ 遵守公司各項規定，尤其是處分規定並做出決策
無權決策	◆ 在沒有決策權的時候不要採取任何決策 ◆ 例如，餐廳經理對違規廚師無決策權

您認為酒店經理還有哪些決策類型？請舉例說明。

◆ _____

◆ _____

正確決策

　　瞭解決策要素、決策方式以及決策類型後，酒店經理要考慮如何做出正確決策。表6-4列出了酒店經理做出正確決策的六個步驟及其說明。在實際工作中，酒店經理可根據實際情況有選擇地加以實踐應用。

表6-4 正確決策的六個步驟及其說明

正確決策的六個步驟	說　明
確定問題及決策目標	◆ 準確地表明問題，越具體越好 ◆ 確定決策目標，決策要達到什麼目的
收集資料分析問題	◆ 收集資料：誰、什麼、何地、何時、怎樣、為什麼、多少 ◆ 分析問題：是怎樣一種關係
找出多種解決方案	◆ 集思廣益找出多種解決方案 ◆ 對各種方案進行利弊評價 ◆ 將各種方案進行優勢排序
選擇最佳解決方案	◆ 經濟性：費用與結果 ◆ 可行性：是否具備所需條件 ◆ 可接受性：員工是否會接受 ◆ 目標：是否能達到決策目的
實施決策	◆ 將決策付諸實施 ◆ 監測決策的實施進展情況 ◆ 順利：表揚做得好的員工 ◆ 不順利：指導與支持 ◆ 再不順利：進入第三步「選擇最佳解決方案」進行方案選擇
決策評估	◆ 評價決策正確與否 ◆ 是否達到目標 ◆ 如果重新做決策方案，您還會選擇這個方案嗎

決策案例

該怎麼辦

2007年12月20日，聖誕節前夕，ABC公司在新博亞酒店預訂了一個400人的中式宴會。中餐廳經理艾麗絲一個月前與ABC公司客戶經理楊先生經過三次磋商擬定了宴會菜單，其中的特色湯與牛崽骨帶有西式菜特徵，按位提供，其餘的中式菜按桌提供，每10人一桌。他們商定了宴會臺形與宴會布置。最後，楊先生預付了宴會定金。

宴會當天下午5　時整，ABC公司的賓客開始進入宴會廳，離開餐還有20分鐘，

迎賓員發現雖已座無虛席，但賓客仍絡繹不絕地前來，她立即向經理艾麗絲做了匯報。

中餐廳經理艾麗絲急忙與ABC公司客戶經理楊先生取得了聯繫，這才得知ABC公司內部工作失誤，多發了邀請函。一個月前，公關部發出了400份邀請函，而一週前銷售部重新發邀請函時卻沒有與公關部核對邀請人員名單！

「究竟多發了多少邀請函？」艾麗絲急切地問道。

這時離開餐時間只有15分鐘，後面的幾張餐臺已經開始加位、加椅子、加餐具了，但仍有賓客不斷地到來。

「還不清楚。」ABC公司的楊先生也急得直上火，集團董事長和總裁都要出席這次宴會，現在看來問題比較嚴重了。

「加桌吧！加桌的費用我們可以出高一點！」楊先生急切地望著艾麗絲説。

「不行呀，最多只能加5桌50人，因為我們的宴會有兩道菜是按位算的，準備工作5天前就做好了，沒有準備這麼多呀！」艾麗絲也急得滿臉通紅。

「最多只能加5桌？」楊先生和艾麗絲看到宴會廳後面已經加了3桌了！估計仍有50位賓客繼續前來！

幫助ABC公司接待上門來的賓客，還要為賓客提供優質周到的服務。但賓客的數量不定，加桌也已經不可能。離開餐時間只有5分鐘了，宴會服務員身著艷麗的中式旗袍站到了宴會廳兩邊，宴會就要開始了。後面的賓客還在前來……

在這種情況下，中餐廳經理艾麗絲應該如何正確決策？

——本案例由新博亞酒店培訓提供

確定問題及決策目標

確定問題及決策目標，這是正確決策的第一步，包括準確地表明問題並確定決策的目標，即希望決策產生什麼樣的結果。表6-5　列出了確定問題及決策目標的方式及其說明。

表6-5 確定問題及決策目標的方式及其說明

確定問題及決策目標的方式	說　明
確定問題	◆ 準確地表明問題 案例： ◆ 中餐廳經理艾麗絲要解決宴會人數大大超出預計問題，如何接待超出預計的赴宴賓客
確定決策目標	◆ 希望達到的結果 ◆ 包括所受到的限制條件 　案例： ◆ 根據廚房的出菜量宴會廳最多加5桌50人 ◆ 參加宴會的賓客享受到優質服務 ◆ 為餐廳增加餐飲收入 ◆ ABC公司支付超出邀請出席宴會賓客的額外費用
您在工作中是如何確定問題及決策目標的？請舉例說明。 ◆ _____ ◆ _____	

收集資料分析問題

明確地表明了需要解決的問題及決策目標後，要收集資料分析問題，以便找出解決方案。表6-6列出了收集資料分析問題的方式及其說明。

表6-6 收集資料分析問題的方式及其說明

收集資料分析問題的方式	說　明
收集資料	◆ 收集資料：誰、什麼、何地、何時、怎樣、為什麼、多少、其他 案例： ◆ 誰(楊先生、廚師長、宴會主管) ◆ 什麼(超出邀請宴會賓客費用、廚房出菜、服務人數) ◆ 何地(宴會廳或其他餐廳) ◆ 何時(立即、開餐前) ◆ 怎樣(確認付費、出菜、服務) ◆ 為什麼(讓參加宴會的賓客盡快入座) ◆ 多少(超出邀請赴宴的約100位賓客的費用) ◆ 其他(其他餐廳是否可安排超出邀請的賓客)

續表

收集資料分析問題的方式	說　明
分析問題	◆ 分析問題：是怎樣一種關係 案例： ◆ 楊先生確認按原訂價格支付每一位超邀請賓客的費用並用信用卡做擔保 ◆ 廚師長確認最多可增加的宴會人數為50人 ◆ 宴會主管確認最多可服務人數為60人 ◆ 與其他餐廳經理確認最多可轉移用餐人數為100人
您在實際工作中是如何收集資料分析問題的？請舉例說明。 ◆ _____ ◆ _____	

找出多種解決方案

在收集資料分析問題時，各種解決方案就會應運而生。找出多種解決方案，就是根據分析問題時的線索，進一步確定多種解決方案。表6-7列出了找出多種解決方案的方式及其說明。

表6-7 找出多種解決方案的方式及說明

找出多種解決方案的方式	說　明
集思廣益找出多種解決方案	◆盡可能多地找出解決方案 案例：可能的解決方案有： 1.將每張桌加一個人 2.加5張桌 3.將賓客轉移到自助餐廳 4.將賓客轉移到西餐廳
對各種方案進行利弊評價	◆ 對以上4種可選擇方案進行利弊分析 案例：利弊分析： 1.將每張桌加一個人，40張桌可加40人，服務方便 2.加5張桌，每桌10人，可加50人，服務人手不夠 3.將賓客轉移到西餐廳，可容納50人，服務分流 4.將賓客轉移到自助餐廳，可容納50人，服務分流

續表

找出多種解決方案的方式	說　明
將各種方案進行優勢排序	◆ 將方案按最佳順序進行排序 案例： 1.加五張桌，每桌10人，可加50人 2.將賓客轉移到自助餐廳，可容納50人 3.將賓客轉移到西餐廳，可容納50人 4.將每張桌加一個人，40張桌可加40人
您在實際工作中是如何找出多種解決方案的？請舉例說明。 ◆ _____ ◆ _____	

選擇最佳解決方案

　　中餐廳經理艾麗絲經過權衡，選擇了四個方案中的前兩個，即加5張臺，在宴會廳增加50人；再轉移50位賓客到自助餐廳，如果後續還有遲到的賓客，先與ABC公司楊先生確認後再轉移到西餐廳。表6-8列出了選擇最佳解決方案的方式及其說

明。

表6-8 選擇最佳方案的方式及其說明

選擇最佳方案的方式	說　明
經濟性：費用與結果	◆ ABC公司楊先生確認全額支付超出邀請人數的餐費並用信用卡做了擔保 ◆ 餐飲部可多收100人的餐費
可行性：是否具備所需條件	◆ 宴會廚師長在備餐時多準備了12%的分量，宴會廳加桌5張，增加50人，可行 ◆ 自助餐增加50人備餐準備沒問題，服務忙一些，可協商西餐廳派兩位服務員增援
可接受性：員工是否會接受	◆ 經與宴會服務員商量，新增加的5桌賓客由臨近的服務員共同分擔，開餐後迎賓員將服務新增加餐桌 ◆ 西餐廳及時派出2位服務員到自助餐廳幫忙

續表

選擇最佳方案的方式	說　明
目標：是否能達到決策目標	◆ 超出邀請的宴會賓客及時得到接待與轉移，享受到優質服務 ◆ 酒店當晚增加約100人的用餐收入 ◆ ABC公司支付超邀請出席宴會賓客的額外費用，並用信用卡做了擔保

您在工作中是如何選擇最佳方案的？請舉例說明。

◆ _____

◆ _____

實施決策

找出多種解決方案，進行利弊分析並選擇最佳解決方案後，就要實施決策。實施決策是正確決策的關鍵。表6-9列出了實施決策方式及其說明。

表6-9 實施決策的方式及其說明

實施決策的方式	說　明
將決策付諸實施	◆ 正確的決策要得到實施才是好的決策 　案例：中餐廳經理艾麗絲做出決策後： ◆ 立即向宴會服務員、廚房廚師通報情況，宴會廳增加超出邀請賓客50人 ◆ 立即通知自助餐廳，接待轉移的超出邀請宴會賓客50人 ◆ 聯繫請保安部人員帶領賓客到位於頂樓的旋轉自助餐廳用餐
監測決策的實施進展情況	◆ 監測實施的執行進展情況 　案例：中餐廳經理艾麗絲： ◆ 監測宴會廳的服務進程，50位賓客受到了及時的接待，賓客的情緒很穩定 ◆ 與自助餐廳經理聯繫，了解轉移宴會賓客的情緒及用餐情況 ◆ 與經與楊先生商量，自助餐廳給每位轉移的賓客贈送了帶有ABC公司徽標的小禮物
順利：表揚做得好的員工	◆ 隨時隨地表揚做得好的員工 　案例：中餐廳經理艾麗絲： ◆ 感謝自助餐廳經理的合作 ◆ 感謝廚師長的大力配合 ◆ 「您辛苦了！」鼓勵那些服務宴會加櫈賓客的服務員

續表

實施決策的方式	說　明
不順利：指導與支持	◆ 幫助員工實施決策 　案例：中餐廳經理艾麗絲： ◆ 宴會加桌賓客上菜不及時，因為服務員不得不再次回到廚房取菜 ◆ 經理艾麗絲及時將迎賓員調來幫忙服務 ◆ 並從管事部調2位員工臨時送菜服務員 ◆ 結果加桌賓客的服務比正常桌的賓客服務只慢了5分鐘……
不順利：選擇另外一種解決方案	◆ 及時選擇可行方案也是決策的一部分 　案例： ◆ 開餐後，仍有十幾位賓客姍姍來遲，考慮到自助餐廳的緊張情況，艾麗絲向楊先生建議將來遲的賓客轉移到西餐廳用餐 ◆ 增加了兩桌賓客西餐廳還應付得了 ◆ 艾麗絲與西餐廳廚師長商量了一個簡單的兩桌宴會菜單

您在實際工作中是如何實施決策的？請舉例說明。

◆ ＿＿＿＿＿＿＿＿＿＿＿＿＿＿＿＿＿＿＿＿＿＿＿＿＿＿＿＿＿＿

◆ ＿＿＿＿＿＿＿＿＿＿＿＿＿＿＿＿＿＿＿＿＿＿＿＿＿＿＿＿＿＿

決策評估

決策評估是對決策的正確與否進行論證的過程。這是提高經理決策水準的重要步驟，即瞭解決策正確的方面，分析決策不正確的地方，以利於下次決策的改進與提高。表6-10列出了決策評估步驟及其說明。

表6-10 決策評估步驟及其說明

決策評估步驟	說　明
評價決策正確與否	◆ 對所做決策的正確性做出評估 　案例： ◆ 晚十時，宴會結束，賓客離開了宴會廳 ◆ 中餐廳經理艾麗絲終於放下心來，她長長地鬆了一口氣

決策評估步驟	說　明
是否達到目標	◆ 判斷決策正確與否的依據為是否達到確定目標 　　案例： ◆ ABC公司楊先生代表公司總裁向中餐廳經理艾麗絲表示感謝 ◆ ABC公司的120位超出邀請賓客到了及時妥善的接待，ABC公司非常滿意，所接待的賓客也非常滿意 ◆ 酒店在一週後收到ABC公司的結帳款 ◆ 餐飲部的員工團隊建設得到了進一步的加強 ◆ 相關員工也因為超額工作而得到了一次性的獎金鼓勵
如果重新做決策方案，您還會選擇這個方案嗎	◆ 思考決策的嚴密性，為下次正確決策奠定基礎 　　案例： ◆ 中餐廳經理艾麗絲認為自己的決策是正確的 ◆ 但如果早有準備的話，就會在人手方面留有餘地 ◆ 如果及時在每桌加人的話，會將服務員的工作量進行均勻分攤，服務方面會更周到一些……

您在實際工作中是如何進行決策評估的？請舉例說明。

◆ _____

◆ _____

解決工作問題

可以說，經理的大部分時間都是在解決工作問題。這是因為酒店業不同於製造業，員工可以日復一日地用相同的生產方式生產同一種產品。

酒店業是由員工直接向消費賓客提供產品與服務，而賓客每天都會對酒店產品與服務提出新的挑戰。

沒有人生來喜歡解決問題，但如果掌握瞭解決問題的技能，主動迎接挑戰，就會使自己贏得鍛鍊成長的機會。表6-11　列出了酒店經理常常遇到的需要解決的問題。

表6-11 酒店經理常常遇到的需要解決的問題

◆ 設施設備過於陳舊，申請新的不批準，舊的又總是要報修
◆ 製冰設備不好用，冰塊供應不上
◆ 吸塵器噪音太大，在賓客休息時無法使用
◆ 要與其他部門共用一些設施設備，非常不方便
◆ 員工流動率過高，人手不足
◆ 由於人手不足，新員工來不及培訓就職，服務品質受到影響
◆ 不合格的新員工就職導致賓客投訴
◆ 員工間出現矛盾，影響了工作和待客服務
◆ 管理層對經理的支持力度不夠
◆ 管理層不聽取員工的意見
◆ 管理層承諾的加薪不能兌現

您在實際工作中還遇到過哪些需要解決的問題？請舉例說明。

◆ _____

◆ _____

工作問題產生的根源

在解決問題之前，首先讓我們瞭解一下工作問題產生的根源。無論是什麼問題，都可以歸結為有限的資源、人的因素以及體制的原因。表6-12列出了經理要解決問題的產生根源及其說明。

表6-12 酒店經理要解決問題的產生根源及其說明

問題產生的根源	說　明
有限的資源	◆ 設施設備過於陳舊，申請新的不批准，舊的又總是要報修 ◆ 製冰設備不好用，冰塊供應不上 ◆ 吸塵器噪音太大，在賓客休息時無法使用 ◆ 要與其他部門共用一些設施設備，非常不方便
人員的因素	◆ 員工流動率過高，人手不足 ◆ 由於人手不足，新員工來不及培訓就職，服務品質受到影響 ◆ 不合格的新員工就職導致賓客投訴 ◆ 員工間出現矛盾，影響了工作和待客服務 ◆ 員工的個人差異 ◆ 溝通有問題

續表

問題產生的根源	說　明
體制原因	◆ 管理層對經理的支持力度不夠 ◆ 管理層不聽取員工的意見 ◆ 管理層承諾的加薪不能兌現
您認為還有哪些產生問題的根源？請舉例說明。 ◆ _____ ◆ _____	

集體解決工作問題法

如果說體制的原因是經理個人無法解決的問題的話，工作問題與員工問題是經理可以而且必須要解決的。解決工作問題的最好方法是「集體解決問題法」，也叫「參與式解決問題法」。而解決員工問題的最佳方案是「雙贏解決問題法」。

在酒店業實踐中，集體解決問題法是一個非常有效的方法。表6-13列出了集體解決問題法的益處與弊端。

表6-13 集體解決問題法的益處與弊端

集體解決問題法的益處

◆ 經理能夠獲得更多與決策相關的訊息

◆ 經理能夠收集到更多、更多的解決方案

◆ 集體思考更有益於做出正確的決策

◆ 參與決策過程的員工通常更樂意執行決策

◆ 增進員工間與決策有關的交流

◆ 在員工中倡導創新精神

◆ 得到並使用大多數人的建議與技能

集體解決問題法的弊端

◆ 集體解決問題花費時間長

◆ 把員工手上的工作停下來，集合起來做一項小小的決策是否值得

◆ 即使是集體解決問題也往往被少數人所控制

◆ 員工往往附和於上司的意見，很少有不同見解

◆ 集體討論不過是比賽誰的口才好

◆ 有些員工並非真心參與

◆ 一致贊成的決策往往不是最佳決策，只是「一面倒」而已

集體解決問題法的步驟

　　酒店經理衡量集體解決工作問題的利弊之後，如果認為集體解決問題的利大於弊，就可以選用集體解決問題法解決、決策工作問題。表6-14 列出了集體解決工作問題的六個步驟及其說明。

表6-14 集體解決工作問題的六個步驟及其說明

集體解決問題的六個步驟	說　明
集思廣益提出問題	◆ 讓參加集體解決問題小組的成員盡可能不受他人影響，自由自在地發表自己的意見 ◆ 提出在工作中遇到的希望得到解決的各種工作問題
優先解決首要問題	◆ 將解決問題小組提出的意見進行優選 ◆ 找出最需要解決的問題，優先進行解決
確定可行解決方案	◆ 由小組成員提出各種解決方案 ◆ 確定可行解決方案
執行最佳解決方案	◆ 選取最佳解決方案 ◆ 執行最佳解決方案
評估方案執行效果	◆ 對所執行的方案進行執行效果的評估 ◆ 評估其是否達到所要解決問題的目的 ◆ 再回過頭來重新進入到集體解決問題的第二步驟，再選取優先解決的首要問題

您在實際工作中使用過集體解決問題法嗎？請舉例說明。

◆ _____

◆ _____

集思廣益提出問題

　　集思廣益提出問題是集體解決問題法的第一步驟，說明如何找出要解決的工作問題。表6-15列出了集思廣益提出問題的步驟及其說明。

表6-15 集思廣益提出問題的步驟及其說明

集思廣益提出問題的步驟	說　明
確定集思廣益討論的時間	◆ 中餐廳經理艾麗絲就本季度餐廳經營水平下降，員工士氣低落現象組織解決問題小組進行討論 ◆ 他首先說：「讓我們用20分鐘的時間列出我們中餐廳所有需要解決的工作問題。」
鼓勵小組成員發言	◆ 讓小組成員提出問題，但不討論解決問題的方法，也不討論該問題是否真正存在 ◆ 經理艾麗絲說：「把您認為影響餐廳經營的所有問題說出來，我把它寫在這張白紙上，先別討論如何解決它，也不要對他人的意見加以評論，每個人只說出存在的問題就可以了」
鼓勵小組成員人人投入	◆ 讓每一位參加會議的成員都積極投入到發言中去 ◆ 經理艾麗絲說：「大家提的這些問題棒極了，每個人都爭先恐後提出自己的意見了，還有別的嗎？」
讓小組成員暢所欲言	◆ 經理艾麗絲鼓勵小組成員提出意見，沒有對所提出的意見加以評論，沒有發表自己的意見或解釋，讓員工暢所欲言地提出自己認為存在的所有的問題

您在實際工作中是如何讓員工集思廣益提出問題的？請舉例說明。

◆ _____

◆ _____

優先解決首要問題

　　解決問題小組在集思廣益階段，提出了希望解決的各種問題。在優先解決首要問題階段就要對這些問題進行討論，找出首先要解決的問題，對團隊成員所提出的所有問題按重要和優先解決的順序進行排序。表6-16 列出了優先解決首要問題的方法及其說明。

表6-16 優先解決首要問題的方法及其說明

優先解決首要問題的方法	說　明
舉手表決法	◆ 團隊成員對自己認為最重要、最應該優先解決的那個問題進行舉手表決 ◆ 舉手表決同意人數最多的那個問題就是應該優先解決的首要問題
投票法	◆ 團隊成員把自己認為最重要、最應該優先解決的那個問題進行投票表決 ◆ 將相同問題的得票數進行累加，得票數最高的就是需要優先解決的首要問題
排序法	◆ 團隊成員對所有的問題按重要、次重要、不重要的順序進行排序 ◆ 排在最前面的得分最少的那個問題就是優先解決的首要問題
案例	經理艾麗絲用排序法得出的前五個優先解決的問題是： 1.員工流動率高，人手不足 2.經理不支持員工的工作，不理解員工 3.廚房出菜速度太慢 4.為賓客點菜的技術需要培訓 5.菜單過舊，菜餚不受歡迎

您在實際工作中是如何讓員工優先列出首要問題的？請舉例說明。

◆ _____

◆ _____

確定可行解決方案

團隊透過集思廣益提出問題，並對需要解決的諸多問題進行舉手、投票或排序的方法確定了優先解決的首要問題。在確定可行解決方案階段，團隊成員要對優先解決的首要問題制定可行的解決方案。表6-17 列出了確定可行解決方案的步驟及其說明。

表6-17 確定可行解決方案的步驟及其說明

確定可行解決方案的步驟	說　明
說明要解決的問題	◆ 所存在問題對員工的影響 ◆ 所存在問題對賓客與酒店經營的影響 ◆ 解決該問題的成效如何
人人貢獻解決方案	◆ 每位成員提出自己的解決方案 ◆ 將解決方案排列下來 ◆ 案例：中餐廳經理艾麗絲解決員工流動率高，人手不足問題的 　解決方案為： 　1.關心員工，幫助員工解決實際困難 　2.表揚認可員工，讓員工有歸宿感 　3.交叉培訓，讓員工一專多能 　4.加大招聘力度，招到合適員工 　5.提高福利待遇，讓員工薪資有競爭力
選擇可行解決方案	◆ 透過舉手表決、投票或排序方法獲取可行的解決方案 ◆ 選擇可行的解決方案 　案例： ◆ 中餐廳經理艾麗絲選取的解決員工流動率高人手不足的解決 　方案為以上前五條

您在實際工作中是如何確定可行解決方案的？請舉例說明。

◆ _____

◆ _____

執行最佳解決方案

　　團隊在確定可行解決方案後，就要在實際工作中執行最佳解決方案。最佳解決方案可能不止一個。例如，案例中的解決員工流動率高、人手不足問題的解決方案就有五個，其中第五條「提高福利待遇，讓員工薪資有競爭力」很重要，但經理本身可能解決不了這個問題，要交由管理層與人力資源部進行協商解決。

　　在執行最佳解決方案階段，應不斷地徵集員工對執行最佳解決方案的反饋意見，並根據意見對方案進行適當的修正。表6-18列出了執行最佳解決方案的步驟及其說明。

執行最佳方案的步驟	說　明
執行最佳方案	用三個月的時間執行最佳方案： ◆ 關心員工，幫助員工解決實際困難 ◆ 表揚認可員工，讓員工有歸屬感 ◆ 交叉培訓，讓員工一專多能 ◆ 加大招聘力度，招到合適員工 ◆ 與管理層和人力資源部協商，提高福利待遇，讓員工薪資有競爭力
徵詢方案的反饋意見	◆ 徵詢員工的意見 ◆ 徵詢管理層與人力資源部的意見 ◆ 徵詢其他經理與主管的意見 ◆ 徵詢賓客的意見
修正最佳方案	◆ 將最佳方案更加具體化 ◆ 增加或減弱最佳方案的執行力度

您在實際工作中是如何執行最佳方案的？請舉例說明。

◆ _____

◆ _____

評估方案執行效果

　　透過集體解決問題的方法確定的最佳解決問題方案，要加以執行才能取得效果，在執行過程中要對最佳方案進行及時調整。最佳執行方案的效果，要在集體解決工作問題的第五步「評估方案執行效果」階段進行檢測。表6-19列出了評估方案執行效果的方式及其說明。

表6-19 評估方案執行效果的方式及其說明

評估方案執行效果的方式	說　明
經營情況	◆ 利潤指標的完成情況 ◆ 費用指標的執行情況 ◆ 賓客平均消費水平的提高 ◆ 經營收入的變動情況 ◆ 餐具破損率

續表

評估方案執行效果的方式	說　明
員工情況	◆ 員工滿意度 ◆ 員工流動率情況 ◆ 員工士氣 ◆ 員工出勤率
對客服務情況	◆ 賓客滿意度 ◆ 賓客投訴率 ◆ 賓客多次入住率 ◆ 賓客表揚酒店及員工的次數

您在實際工作中是如何評估方案執行效果的？請舉例說明。

◆ ＿＿＿＿＿＿＿＿＿＿＿＿＿＿＿＿＿＿＿＿＿＿＿＿＿＿＿＿

◆ ＿＿＿＿＿＿＿＿＿＿＿＿＿＿＿＿＿＿＿＿＿＿＿＿＿＿＿＿

▋ 解決員工問題

　　如果說工作問題集中在產品、方法、安排、時間、費用及其他有形的事物上，那麼員工問題則表現在感情、期望、需求、激勵及所有其他與人有關的無形事物上。解決工作問題與解決員工問題的方式方法是一樣的，但員工問題需要更謹慎地運用人際關係技能。

　　解決員工問題的結果

員工問題經常表現為員工與員工、員工與經理的矛盾衝突上。與體育賽事的勝負結果相似，解決員工問題通常可能會有四種結果。圖6-1 列出瞭解決員工問題的四種結果。

經理在解決員工問題時，從輸贏的觀點來看，會有四種結果，即有贏有輸、雙輸、有輸有贏、雙贏。表6-20列出瞭解決員工問題的四種結果及其說明。

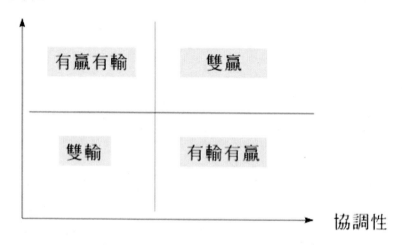

圖6-1 解決員工問題的四種結果

表6-20 解決員工問題的四種結果及其說明

解決員工問題的結果	說 明
有贏有輸	◆ 一方果斷性占上風，贏了 ◆ 另一方不得不妥協，輸了 ◆ 問題並未得到根本解決
雙輸	◆ 一方以讓步換取另一方的進步 ◆ 雙方都受到損失，都輸了 ◆ 問題沒有解決，還會繼續出現，或換一種方式出現
有輸有贏	◆ 經理不表明自己的態度，不做決策，任憑員工採取措施 ◆ 酒店經理輸了，員工或另一方贏了 ◆ 酒店經理輸了戰鬥也會丟了工作
雙贏	◆ 讓員工參與解決問題的過程 ◆ 找到一種令雙方都滿意的解決方案 ◆ 從根本上解決問題

您在實際工作中是如何解決員工問題的？請舉例說明。

◆ _____

◆ _____

雙贏解決問題法

　　酒店經理解決員工問題的方式取決於其領導藝術模式。圖6-2列出了經理專制決策與讓員工參與解決問題過程的四種結果。

經理決策

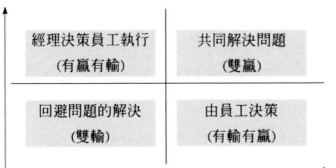

圖6-2 經理決策與員工參與解決問題過程的四種結果

員工參與解決問題是酒店經理獲得雙贏的一種解決問題方法。表6-21列出了酒店經理雙贏解決問題的方法及其說明。

表6-21 酒店經理雙贏解決問題的方法及其說明

雙贏解決問題的方法	說　明
確認事實情況	◆ 在一種開誠布公的和諧氣氛中開始 ◆ 強調解決問題的益處 ◆ 表示理解員工的感受 ◆ 不要為自己的情緒左右 ◆ 只是羅列事實 ◆ 就事論事，對事不對人
共同探討可能的解決方案	◆ 請求員工幫助找出解決方案 ◆ 羅列出所有可能的解決方案 ◆ 直到再也列不出可行的方案了
共同評價可能的解決方案	◆ 對所有的解決方案進行評價比較 ◆ 雙方達成共識，選擇雙方認可的最佳方案 ◆ 得到員工或對方的執行承諾 ◆ 承諾可以是口頭的，也可以是書面的
共同執行最佳方案	◆ 向員工或對方表明您在觀察決策的進展情況 ◆ 監測並分析執行結果 ◆ 評價自己解決問題的方法，是否有可以改進的地方

> 您在實際工作中是如何運用雙贏解決員工問題方法的?請舉例說明。
>
> ◆ ＿＿＿＿＿＿＿＿＿＿＿＿＿＿＿＿＿＿＿＿＿＿＿＿＿＿＿
> ◆ ＿＿＿＿＿＿＿＿＿＿＿＿＿＿＿＿＿＿＿＿＿＿＿＿＿＿＿

中餐廳經理艾麗絲對新員工湯姆連續三次早班遲到的事感到不可理解，她根據酒店的規定給湯姆記了黃單，下了最後警告。如果湯姆再遲到就要被解聘了。結果，一天早上七點整，當兩個住店團隊同時用餐，餐廳服務員忙得不可開交時，湯姆再一次遲到半小時！

「解聘他！」這是經理艾麗絲的第一個念頭，這個小夥子實在是太不像話了，不到一個月的時間裡遲到四次。她約餐廳服務員湯姆下班後到她的辦公室解決問題。表6-22列出了艾麗絲用雙贏法解決湯姆遲到問題的案例。

表6-22 雙贏法解決員工問題的案例

雙贏法解決員工問題的方法	說　明
確認事實情況	◆「您今天是這個月第四次遲到了，您還有什麼話說嗎？」 ◆「沒有了，對不起。您按酒店規定解聘我吧。」 ◆「先別提解聘的事，告訴我是什麼原因讓您連續四次遲到？」 ◆「您別問了，解聘我吧。」 ◆ 經理艾麗絲克制著自己的情緒：我理解您現在的感受，努力工作了一個月卻遲到了四次。遲到都是在上早班的事，什麼原因能告訴我嗎？說不定我能幫您哪。」
共同探討可能的解決方案	◆「頭兩次是我的鬧鐘沒響，我換了個鬧鐘，第三次我讓同事叫我，他們忘記了，今天是我起太早了，想再睡會，結果又晚了。」 ◆「看來，您是在努力不要遲到，那您說還有什麼解決辦法嗎？」 ◆「再買個新鬧鐘吧。或者別排早班吧，當然，我知道這是不可能的。」 ◆「湯姆，您想過換到西餐廳工作嗎？西餐廳不用上早班，他們只開午晚餐。」
共同評價可能的解決方案	◆「買新鬧鐘，不排晚班，換到西餐廳，您覺得哪個方案對您最好？」艾麗絲問道。 ◆「到西餐廳吧，我確實無法早起，到西餐廳我會好好做的。」

續表

雙贏法解決員工問題的方法	說　明
共同執行最佳方案	◆「好，我與西餐廳經理商量一下，給您辦理調到西餐廳的手續，在手續未辦好之前您還維持在中餐廳上早晚班，您覺得行嗎？」 ◆「行，謝謝艾麗絲經理，我一定會好好做的。」
您在實際工作中是如何運用雙贏解決員工問題方法的？請舉例說明。 ◆ ＿＿＿＿＿＿＿＿＿＿＿＿＿＿＿＿＿＿＿＿＿＿＿＿＿＿＿＿＿＿ ◆ ＿＿＿＿＿＿＿＿＿＿＿＿＿＿＿＿＿＿＿＿＿＿＿＿＿＿＿＿＿＿	

「餐廳上菜慢的問題解決了！」

「上菜慢的原因找到了！」

中餐廳經理艾麗絲為瞭解決賓客投訴上菜太慢的問題，組織瞭解決問題小組解決這個問題。參加解決問題小組的成員有來自廚房的廚師和廚師長，還有餐廳服務員與傳菜員。

大家採用集體解決問題的辦法，集思廣益找出了上菜慢的原因。

上菜慢的原因有，新菜單上2-4　號菜的蒸煮時間長，廚房不能按時出菜；傳菜員人手不足，有時菜出來不能及時送到賓客手中；服務員下單時有時沒寫清楚，廚師沒看明白而耽誤了出菜；還有配菜廚師人手不夠，有時配菜出不來。

上菜慢的原因找到了，大家開始提出解決問題的方案。

大家興致很高，七嘴八舌提出意見。經理艾麗絲用一支白板筆將意見記錄在一張大大的白板上。解決的辦法有：

◆ 將2-4號菜換成烹飪時間短的菜餚

◆ 服務員點菜時向賓客說明2-4號菜的烹飪時間需要20分鐘

◆ 增加傳菜員人手

◆ 由服務員在傳菜員忙不過來時直接到廚房取菜

◆ 對服務員進行培訓，將菜餚代碼寫清楚，特殊要求標清楚

◆ 廚師培訓瞭解菜餚代碼與特殊要求的標誌

◆ 廚房增加配菜廚師指標

◆ 配菜由熱菜廚師插空完成

◆ ……

雖然有人建議換掉烹飪時間長的2-4號菜餚，但根據過去一週時間的賓客點菜情況來看，2-4號菜很受賓客歡迎，賓客的反饋也不錯，有些回頭賓客就是奔2-4號菜來的。

　　中餐廳經理艾麗絲把最後一筆寫完，轉過身來，高興地說：「現在，我們針對存在的問題找出瞭解決方案，這些方案都很好。讓我們討論一下，哪些方案是可行的，為什麼？然後我們再決定採用哪些最佳的方案。誰先發言？」

　　「我先說說……」中餐廚師長李先生大聲說道。

　　熱烈的討論繼續著……

解決問題與決策技能達標測試

　　下面關於解決問題與決策測試問題，用於測試您的解決問題與決策技能。在「現在」做一遍，並在兩週、四周後分別再做一遍這些測試題，看自己的解決問題與決策技能是否有進步。提高自己的解決問題與決策技能，您一定能夠成為一名高效率的經理！

現在	兩週後	四週後	測試問題
☐	☐	☐	1.我知道決策的要素是什麼
☐	☐	☐	2.我知道決策的方式有哪些
☐	☐	☐	3.我知道有哪些決策類型
☐	☐	☐	4.我知道正確決策的六個步驟是什麼
☐	☐	☐	5.我知道如何確定問題及決策目標
☐	☐	☐	6.我知道如何收集資料分析問題
☐	☐	☐	7.我知道如何找出多種解決方案
☐	☐	☐	8.我知道如何選擇最佳方案
☐	☐	☐	9.我知道如何實施決策
☐	☐	☐	10.我知道如何進行決策評估
☐	☐	☐	11.我知道經理常常遇到的、要解決的問題是什麼
☐	☐	☐	12.我知道問題的產生根源不外乎資源、人員與體制因素

續表

現在	兩週後	四週後	測試問題
☐	☐	☐	13.我知道集體解決問題法的利弊
☐	☐	☐	14.我知道如何用雙贏解決問題法解決員工問題
☐	☐	☐	15.我知道集體解決問題的步驟是什麼
☐	☐	☐	16.我知道如何集思廣益提出問題
☐	☐	☐	17.我知道如何優先解決首要問題
☐	☐	☐	18.我知道如何確定可行解決方案
☐	☐	☐	19.我知道如何執行最佳解決方案
☐	☐	☐	20.我知道如何評估方案執行效果

合計得分：

第七章 團隊建設——為了一個共同的目標

本章概要

團隊建設技能水準測試

工作團隊

為什麼需要團隊建設

團隊建設的優勢

工作團隊與工作部門

正式工作團隊與非正式工作團隊

工作團隊分類

簡單工作團隊

接力工作團隊

一體化工作團隊

解決問題工作團隊

團隊建設的階段

團隊建設第一階段：形成

團隊形成階段酒店經理的作用

團隊建設第二階段：磨合

團隊磨合階段酒店經理的作用

團隊建設第三階段：規範

團隊規範階段酒店經理的作用

團隊建設第四階段：致力

團隊致力階段酒店經理的作用

團隊建設第五階段：解體

團隊建設的維護

員工參與法

員工建議法

團隊建設技能達標測試

培訓目的

學習本章「團隊建設——為了一個共同的目標」之後，您將能夠：

☆瞭解什麼是工作團隊

☆瞭解團隊的分類

☆瞭解團隊建設的階段及其特徵

☆瞭解團隊建設的方法

「讓我們用團隊精神來解決這個問題！」

　　酒店質檢部經理麗莎向總經理布萊特先生提議，組建一個解決問題團隊來解決櫃臺賓客排隊等候入住登記時間過長問題。

麗莎分析說，賓客對客房服務讚不絕口，但對櫃臺入住登記等候時間過長多次提出投訴。

總經理布萊特先生贊同麗莎的提議，於是一個由櫃臺經理、預訂經理、客房經理、銷售經理、工程維修部經理參加的解決問題團隊成立了。

週五下午，解決問題團隊舉行了第一次會議。總經理布萊特先生列席了會議。會議由麗莎主持。

麗莎向大家講明，團隊的工作任務是解決賓客等候入住登記時間過長的問題，並且說明，目前這是酒店賓客投訴最多的地方，希望大家共同解決這個問題。

大家沉默了一會兒。

銷售經理杰克遜先生打破沉默，發言說：「櫃臺賓客等候時間過長的原因是櫃臺接待員工作效率不高，我們有位賓客投訴說，他每次入住都要等候半小時以上。」

櫃臺經理王健看了一眼杰克遜，轉向客房經理曼麗說：「解決櫃臺賓客等候時間過長問題的關鍵在客房部，客房部總是不能及時準備好賓客所需要的房型，不得不讓賓客一再等候。」

客房部經理曼麗是個心直口快的人，她立即對櫃臺經理王健回覆道：「我們搶房已經夠緊張的了，那幾間問題房也總是待修，什麼時間能交付呢？」

「等等，」總經理布萊特先生笑著說，「如果我們總是互相責備，就沒有團隊建設精神，團隊是為了一個共同目標，有著良好的溝通，團隊成員相互信任的組織，你們現在還算不上是工作團隊。」

大家你看看我，我看看你，有點不解：「怎麼不算是工作團隊？各部門都有自己的分工，這就是團隊嘛。」

……

團隊建設技能水準測試

下面關於團隊建設的測試問題用於測試您的團隊建設水準。選擇「知道」為1分，選擇「不知道」為0分。得分高，說明您對團隊建設理解深刻，有可能在工作中加以運用；得分低，說明您有學習潛力，學到新知識，將來會在工作中加以運用。

知道	不知道	測試問題
☐	☐	1.我知道工作團隊的內涵是什麼
☐	☐	2.我知道為什麼需要團隊建設
☐	☐	3.我知道團隊建設的優勢有哪些
☐	☐	4.我知道工作團隊與工作部門的聯繫與區別是什麼
☐	☐	5.我知道什麼是正式工作團隊與非正式工作團隊
☐	☐	6.我知道工作團隊有多少種類型
☐	☐	7.我知道簡單工作團隊的特徵與優勢是什麼
☐	☐	8.我知道接力工作團隊的特徵與優勢是什麼
☐	☐	9.我知道一體化工作團隊的特徵與優勢是什麼
☐	☐	10.我知道解決問題工作團隊的特徵與優勢是什麼
☐	☐	11.我知道團隊建設分為哪幾個階段
☐	☐	12.我知道團隊發展階段與團隊工作表現的關係
☐	☐	13.我知道在團隊形成階段酒店經理的作用是什麼
☐	☐	14.我知道在團隊的磨合階段酒店經理的作用是什麼
☐	☐	15.我知道在團隊的規範階段酒店經理的作用是什麼
☐	☐	16.我知道在團隊的致力階段酒店經理的作用是什麼
☐	☐	17.我知道在團隊的解體階段酒店經理的作用是什麼
☐	☐	18.我知道如何測定工作團隊是否進入致力階段
☐	☐	19.我知道員工離職對團隊建設的影響是什麼樣的
☐	☐	20.我知道如何用員工參與法與建議法維護團隊建設

合計得分：

工作團隊

團隊，是擁有不同技能組合的人員在一起，致力於共同的目標，相互信任，溝通順暢的正式與非正式組織。團隊的力量，大大超過鬆散的個人力量的組合。團隊建設，是人們為了實現共同的目標而與他人一起工作的意願。

為什麼需要團隊建設

酒店的經營目標，與賓客的要求總是相互矛盾的。酒店企業經營目標，是透過降低成本與提高價格最大限度地贏利；而賓客則要求物有所值，以最小的投入換取最大的享受，這使成本上升，價格下降。酒店既要完成經營計劃指標，也要滿足賓客的需求，滿足賓客期望值使其成為回頭客。圖7-1 列出了經理與員工需要團隊建設的圖示。

酒店企業要求
——盈利

酒店業經理與員工

酒店賓客要求
——物有所值

圖7-1 經理與員工需要團隊建設

經理要同時滿足酒店企業與酒店賓客雙重需求的唯一途徑，就是把員工組成工作團隊，以工作團隊的力量有效地讓企業贏利，讓賓客感到物有所值，並有一個愉快的經歷。

團隊建設的優勢

酒店團隊的力量能夠產生非傳統性的工作方式並能夠打破部門界限，使整個酒店成為一個高績效的團隊組織。表7-1列出了酒店團隊建設的優勢。

表7-1 酒店團隊建設的優勢

◆ 團隊建設滿足酒店企業的盈利需求
◆ 團隊建設滿足酒店賓客物有所值並有一個愉快經歷的消費需求
◆ 團隊建設是集體力量的集合
◆ 集體力量遠遠勝出最具有聰明才智的個人力量
◆ 克服工作中的障礙
◆ 促進部門間的溝通
◆ 協調部門間的工作
◆ 擁有能幹的員工群
◆ 員工有一個舒暢的工作環境
您認為團隊建設還有哪些優勢？請舉例說明。
◆ _____
◆ _____

工作團隊與工作部門

酒店企業為了更好地發揮員工的作用，建立了不同的組織機構，在總經理的領導下，各個部門經理向總經理報告工作。員工進入酒店會被分配到某個部門，例如客務部、客房部、餐飲部等，這些是工作部門。

然而，工作部門並非就是真正意義上的工作團隊。當部門員工只關心自己的工作，並不對他人負責時，就不能算作是工作團隊。

在工作團隊中，員工關心的是我們團隊的工作。工作團隊與工作部門最大的區別在於：

◆ 團隊成員是否有一個共同的明確的目標

◆ 是否有著良好的溝通

◆ 是否有相互的信任

正式工作團隊與非正式工作團隊

員工在一起工作，就會形成有凝聚力的或是渙散的團隊，也包括正式團隊與非正式團隊。正式團隊，是指在酒店正常工作部門內部形成的團隊，例如櫃臺員工、餐廳員工、客房部員工甚至整個酒店的員工，他們在工作中有一個共同的目標，相互幫助，形成一個正式團隊。

　　非正式團隊，是指那些興趣愛好相投的員工自發形成的，多在工作之餘組織活動的團隊。例如，員工業餘足球隊、乒乓球隊等。表7-2列出了正式與非正式團隊特徵及其說明，以及酒店經理對非正式團隊的影響。

表7-2 正式與非正式團隊的特徵及酒店經理對非正式團隊的影響

團隊特徵	說　明
正式團隊	◆ 與酒店組織機構圖相吻合的大小團隊 ◆ 整個酒店是在總經理領導下的大團隊 ◆ 各個部門是小團隊 ◆ 各個分部門是更小的團隊
非正式團隊	◆ 興趣愛好相同，由有共同文化背景或經歷的人形成 ◆ 在工作中及工作外形成並組織活動 ◆ 員工常請非正式團隊領導人幫助解決個人或工作問題 ◆ 非正式團隊領導人很容易和員工進行溝通 ◆ 非正式團隊領導人更能夠影響員工及其工作表現
酒店經理對非正式團隊的影響	◆ 了解非正式團隊的領導人 ◆ 贏得非正式團隊領導人的信任與尊重 ◆ 請非正式團隊領導人幫助解決影響正式團隊的問題 ◆ 尋求非正式團隊及其領導的合作

您在實際工作中有發現非正式團隊的存在嗎？請舉例說明。

◆ _____

◆ _____

您是如何影響並利用這些非正式團隊的？請舉例說明。

◆ _____

◆ _____

‖ 工作團隊分類

　　根據工作目的可將工作團隊劃分為簡單工作團隊、接力工作團隊、一體化工作團隊和解決問題工作團隊。表7-3列出了工作團隊的分類及其說明。

表7-3 工作團隊的分類及其說明

工作團隊的分類	說　明
簡單工作團隊	◆ 把有相似技能的員工組織在一起，在規定時間內完成相同的工作 ◆ 例如，櫃臺接待員在賓客入住登記高峰期集中接待入住登記賓客
接力工作團隊	◆ 如同接力比賽，參賽隊員將接力棒傳遞給下一位團隊隊員，一棒一棒往下傳 ◆ 例如，餐廳迎賓員把賓客引領入座留下菜單，由餐廳服務員為賓客點菜及席間服務，後廚廚師為賓客製作美味佳餚
一體化工作團隊	◆ 具有不同專業技能的成員組合在一起完成共同的工作任務 ◆ 例如，參加每日晨會的部門經理，每天討論協調各部門的待客服務工作
解決問題型工作團隊	◆ 當面對的問題比較嚴重或比較重大時，組成專門的團隊來解決這個問題 ◆ 例如，待客服務品質檢查小組，專門了解解決關於待客服務問題

您在工作中還遇到過哪種類型的工作團隊？請舉例說明。

◆ _____

◆ _____

簡單工作團隊

　　簡單工作團隊把有相同技能的員工組織在一起，如客房服務員、餐廳服務員、廚房廚師、銷售人員等，要求在規定時間內完成一項或幾項工作。表7-4列出了簡單工作團隊的特徵、優勢、酒店經理在簡單型工作團隊中的作用及其說明。

表7-4 簡單工作團隊特徵、優勢、酒店經理的作用及其說明

簡單工作團隊	說　明
特徵	◆ 員工具有相同的技能 ◆ 在一定的時間段 ◆ 在相同的工作地點 ◆ 團隊成員來自同一個部門
優勢	◆ 團隊成員優勢互補 ◆ 整體工作效率大大提高 ◆ 因爲是同一部門的員工容易安排調動
酒店經理的作用	◆ 了解工作任務需求 ◆ 了解員工及員工的操作技能及工作態度 ◆ 組織簡單工作團隊以提高工作效率 ◆ 組織簡單工作團隊應對重大緊急任務

您認爲在實際工作中簡單工作團隊還有哪些優勢？請舉例說明。

◆ ＿＿＿＿＿＿＿＿＿＿＿＿＿＿＿＿＿＿＿＿＿＿＿＿＿＿

◆ ＿＿＿＿＿＿＿＿＿＿＿＿＿＿＿＿＿＿＿＿＿＿＿＿＿＿

您在實際工作中如何發揮簡單團隊的作用？請舉例說明。

◆ ＿＿＿＿＿＿＿＿＿＿＿＿＿＿＿＿＿＿＿＿＿＿＿＿＿＿

◆ ＿＿＿＿＿＿＿＿＿＿＿＿＿＿＿＿＿＿＿＿＿＿＿＿＿＿

接力工作團隊

　　接力工作團隊，如同體育比賽中的接力賽團隊，往下傳接力棒。服務賓客的任務如同「接力棒」，由各崗位員工往下傳。泊車員爲賓客停好了車，行李生幫賓客拿行李並將賓客帶到櫃臺，櫃臺接待員爲賓客辦理入住登記手續後再由行李生將賓客引領進房間。圖7-2列出了酒店餐廳接力型工作團隊與酒店房務部接力型工作團隊的工作流程。

　　接力工作團隊，在酒店對客服務中非常具有優勢，如果前一棒出了問題，有機會在後一棒得到解決，仍然能夠使賓客成爲滿意賓客。簡單工作團隊與接力工作團隊可以是交叉同時進行的，例如客房服務員是簡單工作團隊成員，也是接力型團隊成員──從客務部員工手裡接過賓客進入客房服務。表7-5列出了接力型工作團隊的

特徵、優勢、酒店經理的作用及其說明。

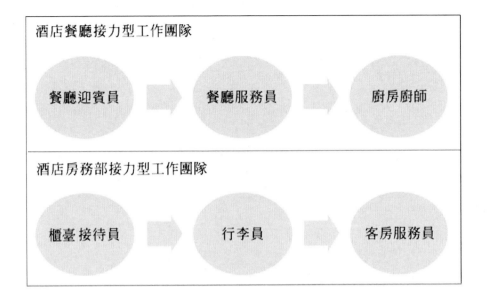

圖7-2 酒店餐廳接力型工作團隊與酒店房務部接力型工作團隊的工作流程

表7-5 接力工作團隊的特徵、優勢、酒店經理的作用及其說明

接力工作團隊	說　明
特徵	◆ 一項工作由兩位以上的團隊成員完成 ◆ 準確的訊息傳遞成為關鍵 ◆ 每位員工都是一個或多個接力團隊的一員 ◆ 每位團隊成員的工作好壞都對同事與賓客起著重要作用 ◆ 非對客服務部門的員工也參與了接力工作
優勢	◆ 讓酒店賓客在酒店的大接力工作團隊中得到滿意的服務 ◆ 讓酒店賓客有一個愉快的住店經歷 ◆ 每位員工的工作重要性得到充分體現
酒店經理的作用	◆ 讓員工成為酒店大、小接力工作團隊的成員 ◆ 讓每位員工認識到自己工作的重要性以及對賓客住店經歷的影響

您認為在實際工作中接力工作團隊還有哪些優勢？請舉例說明。

◆ _____

◆ _____

您在實際工作中如何發揮接力工作團隊的作用？請舉例說明。

◆ _____

◆ _____

一體化工作團隊

　　當具有不同專業技能的員工組織在一起完成一項工作任務時，這個工作團隊就是一體化的。例如大型餐飲外賣，餐廳服務員做席間服務，廚師烹飪菜餚，傳菜員傳菜，管事員專司餐具，工程師負責燈光和音響，不同技能的員工完成一項外賣服務。圖7-3 列出了一體化團隊把各種技能的員工組合在一起的圖示。

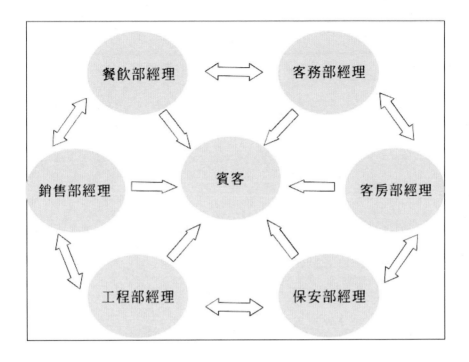

圖7-3 一體化團隊把各種技能的員工組合在一起的圖示

　　一體化工作團隊與簡單工作團隊、接力型工作團隊也會有交叉。例如，上例中的餐飲外賣服務，餐廳服務員是簡單工作團隊，廚師是簡單工作團隊，傳菜員也是簡單工作團隊。而廚師、傳菜員與服務員又是一個小型接力團隊，廚師做出的菜餚由傳菜員傳給服務員，再由服務員為賓客服務。表7-6　列出了一體化工作團隊的特徵、優勢以及經理的作用。

表7-6 一體化工作團隊的特徵、優勢以及經理的作用

一體化工作團隊	說　明
特徵	◆ 團隊成員為了一個共同的目標 ◆ 團隊成員擁有不同的技能或特長 ◆ 團隊成員來自不同的部門或小部門 ◆ 溝通成為關鍵要素

續表

一體化工作團隊	說　明
優勢	◆ 完成由某一個部門或小部門無法完成的工作 ◆ 集各種技能的員工於一個團隊 ◆ 團隊成員優勢互補，如有錯誤還有彌補的餘地
酒店經理的作用	◆ 協調 ◆ 溝通 ◆ 組織

您認為在實際工作中一體化工作團隊還有哪些優勢？請舉例說明。

◆ ＿＿＿＿＿＿＿＿＿＿＿＿＿＿＿＿＿＿＿＿＿＿＿＿＿＿＿＿＿＿＿

◆ ＿＿＿＿＿＿＿＿＿＿＿＿＿＿＿＿＿＿＿＿＿＿＿＿＿＿＿＿＿＿＿

您在實際工作中如何發揮一體化工作團隊的作用？請舉例說明。

◆ ＿＿＿＿＿＿＿＿＿＿＿＿＿＿＿＿＿＿＿＿＿＿＿＿＿＿＿＿＿＿＿

◆ ＿＿＿＿＿＿＿＿＿＿＿＿＿＿＿＿＿＿＿＿＿＿＿＿＿＿＿＿＿＿＿

解決問題工作團隊

在簡單工作團隊、接力型工作團隊以及一體化工作團隊中出現的問題，通常透過解決問題工作團隊來處理。

解決問題團隊，往往是針對某個問題而形成，當問題解決後該團隊也隨之解體。也有一些固定的解決問題團隊，如對客服務質量檢查團隊等，這些解決問題團隊有一套完整的解決問題的方法。圖7-4列出瞭解決問題團隊的工作方法。無論解決問題團隊是固定的還是臨時的，都可以遵循團隊解決問題的方法。

解決問題團隊在酒店實際工作中很有優勢，表7-7　列出瞭解決問題型工作團隊的特徵、優勢以及經理的作用。表7-8列出了團隊解決問題的案例。

表7-7 解決問題工作團隊的特徵、優勢以及經理的作用

解決問題工作團隊	說　明
特徵	◆ 針對一個或幾個難題而成立的團隊 ◆ 問題超過了單個人解決的能力範圍 ◆ 需要他人的密切配合

續表

解決問題工作團隊	說　明
優勢	◆ 有針對性 ◆ 有一套解決問題的方法 ◆ 有來自管理層的支持
酒店經理的作用	◆ 組織解決問題型團隊 ◆ 支持解決問題團隊

您認為在實際工作中解決問題工作團隊還有哪些優勢？請舉例說明。

◆ _____

◆ _____

您在實際工作中如何發揮解決問題工作團隊的作用？請舉例說明。

◆ _____

◆ _____

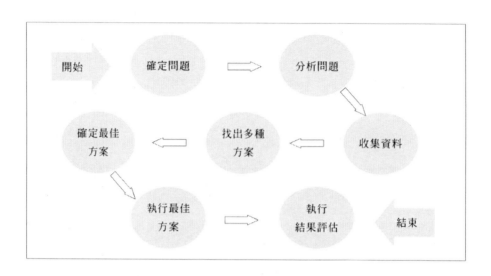

圖7-4 解決問題團隊的工作方法

團隊解決問題的案例

在由酒店質檢部經理麗莎主持的解決問題團隊會議上，正在討論解決櫃臺賓客排隊等候入住登記時間過長問題。

這是一個由櫃臺經理、預訂經理、客房經理、銷售經理、工程維修部經理參加的解決問題團隊。總經理布萊特先生列席了會議。

透過團隊解決問題的工作方法，針對賓客在櫃臺入住排隊等候問題進行分析討論，解決問題團隊找出了多種解決問題的方案，如：

◆ 工程部加快報修房和維修房的維修進度

◆ 客房部及時向櫃臺報告房態

◆ 客房部調整排班，在入住高峰期搶做房間

◆ 客房部增加人手，及時做房

◆ 提高櫃臺接待員的工作效率

◆ 對有預訂的賓客提前預分房

經過討論，大家認為最經濟最有效的方案是客房部調整排班計劃，將大部分員工排在早班，在賓客入住高峰期之間把房間搶做出來。

實際情況是，客房部員工配備並不緊張，問題是大多數賓客在12點之前退房，而大多數賓客又是在下午2點之前入住。這就使得在離店賓客退房和抵店賓客入住之間的兩個小時工作量非常大。如果把大多數員工排在上午班，就可以解決在入店高峰期的搶做房間問題。

於是客房部開始執行這個解決方案，調整員工排班，將多數人手排在退房高峰期值班。

一週後，解決問題團隊再次開會，對問題的執行結果進行評估，現在櫃臺排隊等候的賓客減少了一半，賓客的滿意度提高了。

質檢部經理麗莎又一次召開解決問題團隊會議，按照團隊解決問題的方法，繼續對解決賓客排隊等候入住的情況進行討論…… ──本案例由新博亞酒店培訓提供

▏團隊建設的階段

團隊建設並非一朝一夕之事，高效的團隊建設需要經過幾個發展階段。團隊建設發展階段通常分為形成、磨合、規範、致力和解體五個階段。圖7-5列出了團隊建設的五個階段。表7-8列出了團隊建設的階段及其說明。

表7-8 團隊建設的階段及其說明

團隊建設的階段	說　明
形成	◆ 團隊形成的初級階段 ◆ 團隊工作表現剛剛開始
磨合	◆ 團隊成員努力明確團隊目標和價值的階段 ◆ 出現各種矛盾衝突 ◆ 團隊工作表現下降
規範	◆ 團隊確定自己的行事規範 ◆ 團隊工作表現上揚
致力	◆ 團隊有效解決問題 ◆ 團隊工作表現驚人 ◆ 勞動生產力大大提高
解體	◆ 團隊因人員的離開而解體 ◆ 對工作造成負面影響

您認為酒店經理在團隊發展各階段中起什麼作用？請舉例說明。

◆ ＿＿＿＿＿＿＿＿＿＿＿＿＿＿＿＿＿＿＿＿＿＿＿＿＿＿＿＿＿

◆ ＿＿＿＿＿＿＿＿＿＿＿＿＿＿＿＿＿＿＿＿＿＿＿＿＿＿＿＿＿

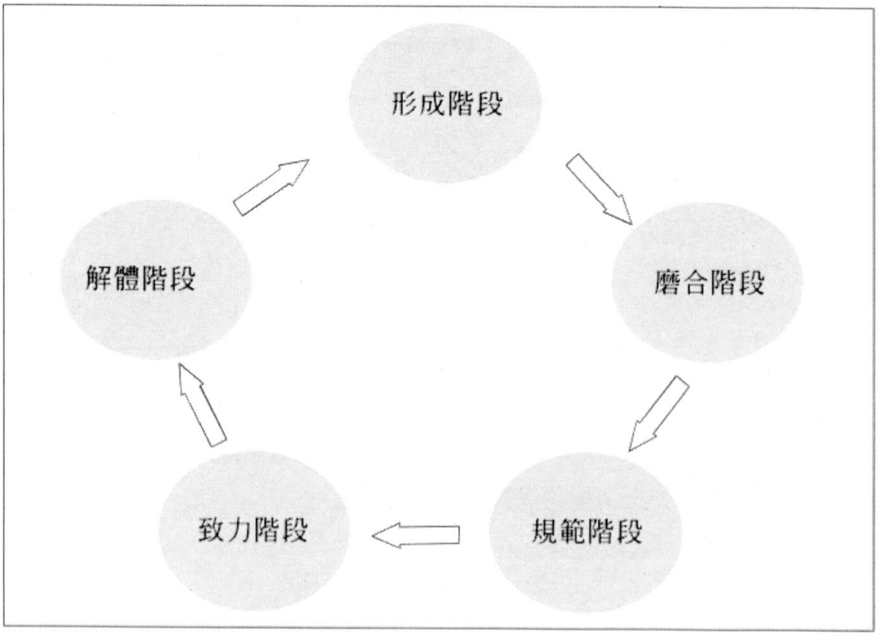

圖7-5 團隊建設的五個階段

每一個團隊類型，如簡單團隊、接力團隊、一體化團隊以及解決問題團隊，都會經歷團隊發展的五個階段。不同的是，有的團隊會快速結束形成磨合階段進入規範和致力的高效階段，並持久保持；有的團隊則發展緩慢，遲遲進入不到規範與致力階段，並導致解體。圖7-6是團隊發展階段與團隊工作表現的曲線。

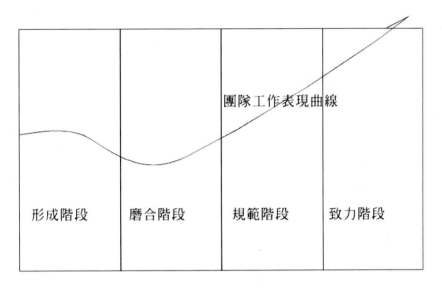

圖7-6 團隊發展階段與團隊工作表現曲線

團隊建設第一階段：形成

形成階段，是團隊建設的第一階段。團隊成員彼此不熟悉，不知道自己的習慣做法是否能得到團隊的認可，較多地注重人際關係。表7-9列出了團隊建設形成階段的團隊特徵、團隊表現、酒店經理的作用。

表7-9 團隊建設形成階段的團隊特徵、團隊表現、酒店經理的作用及其說明

團隊建設形成階段	說 明
團隊特徵	◆ 團隊剛組建，或新的團隊剛形成 ◆ 團隊的目標還不明晰 ◆ 團隊成員小心謹慎地做事 ◆ 團隊成員對團隊的信任感尚未建立
團隊表現	◆ 工作效率較低 ◆ 團隊缺少凝聚力 ◆ 不能致力於共同的目標 ◆ 團隊成員考慮自己的成分比較多

團隊建設形成階段	說 明
經理的作用	◆ 幫助新員工從個體過渡到團隊成員 ◆ 制定團隊行爲準則 ◆ 明確團隊工作使命 ◆ 制定團隊議事日程集會議紀錄

您認爲團隊形成階段的員工表現是怎樣的？請舉例說明。

◆ _____

◆ _____

您認爲酒店經理在這個階段中應如何發揮作用？請舉例說明。

◆ _____

◆ _____

團隊形成階段酒店經理的作用

在團隊的形成階段，老員工對新員工持有懷疑態度，不知是否可信任新員工，擔心新員工是否能夠勝任團隊的工作。新員工想要給人留下一個好印象，想被團隊所接受，想要有所作爲，但他們也擔心是否能夠被新團隊所接受。表7-10列出了酒店經理如何幫助員工度過團隊建設形成階段及其說明。

表7-10 酒店經理如何幫助員工度過團隊形成階段及其說明

幫助員工度過團隊建設形成階段	說 明
對新員工	◆ 向新員工介紹同事情況，讓員工產生成爲團隊成員的願望 ◆ 讓新員工知道如何爲團隊效力 ◆ 高效的入職培訓與培訓安排 ◆ 讓新員工了解開始一項新任務的困難之處 ◆ 隨時隨地解答員工的問題
對老員工	◆ 向老員工介紹有關新員工的情況 ◆ 就新員工將如何有助於團隊說明自己的想法 ◆ 讓員工了解其與新員工的共同興趣愛好 ◆ 請員工協助歡迎新員工 ◆ 強調對新員工的幫助

續表

您在實際工作中是如何幫助員工度過團隊建設形成階段的？請舉例說明。

◆ _____

◆ _____

團隊建設第二階段：磨合

團隊建設的第二階段是磨合階段。這是一個團隊成員明確團隊目標和價值的階段，表7-11列出了團隊磨合階段的團隊特徵、團隊表現、酒店經理的作用及其說明。

表7-11 團隊磨合階段的團隊特徵、團隊表現、酒店經理的作用及其說明

團隊建設磨合階段	說　明
團隊特徵	◆ 矛盾與衝突開始出現 ◆ 團隊成員開始擴大自己的影響勢力 ◆ 團隊成員在尋找自己的位置 ◆ 團隊成員開始思考團隊目標與規則問題
團隊表現	◆ 工作效率低下 ◆ 有些成員試圖控制團隊活動 ◆ 有些成員相互指責 ◆ 團隊未形成共同的目標和任務感
酒店經理的作用	◆ 低谷時保持冷靜 ◆ 設法解決而不是壓制各種矛盾衝突 ◆ 鼓勵團隊成員開誠布公地溝通 ◆ 表揚建設性的意見 ◆ 強調團隊總目標，引導團隊步出磨合期

您在工作中是如何幫助員工度過團隊磨合階段的？請舉例說明。

◆ _____

◆ _____

您認為酒店經理在磨合階段中應如何發揮作用？請舉例說明。

◆ _____

◆ _____

團隊磨合階段酒店經理的作用

在團隊建設的磨合階段，團隊出現矛盾與衝突，工作效率低下。經理要幫助團隊成員快速度過團隊建設的磨合階段，及早進入團隊建設的規範與致力階段。表7-12列出了酒店經理幫助員工度過團隊磨合階段的做法及其說明。

表7-12 酒店經理幫助員工度過磨合階段的做法及其說明

酒店經理的做法	說　明
說明本團隊員工的工作特長	◆ 例如，「雪莉的電腦操作很棒，有電腦操作方面的問題可以請教她呀。」
向資深員工說明如何幫助新人	◆ 例如，「雪莉，杰森的電腦操作技能就由您負責了。」
指出員工攜手共創的業績	◆ 例如：「雪莉代表客務部參加員工晚會的『酒店形象大使』評選活動，同事們主動代她加班，讓她有時間參加排練，結果，她獲得2007年酒店形象大使，前台員工還為她開了慶賀會呢。」
讓新員工與非正式團隊成員有接觸的機會	◆ 例如：「您的歌唱得好，我介紹李娜給您認識，她是卡拉OK團隊的隊長。他們有固定的練習時間，還有老師指導呢。」
正式團隊的領導與新員工密切合作	◆ 例如：「彼得，您在對櫃臺員工進行培訓時，要照顧新員工的情況。」
您在實際工作中是如何幫助員工度過磨合階段的？請舉例說明。 ◆ _____ ◆ _____	

團隊建設第三階段：規範

　　團隊成員逐步從磨合期走出來，進入團隊建設的第三階段——規範階段。在規範階段團隊建立規範準則、經營方式和溝通管道，團隊凝聚力大大加強。表7-13列出了團隊建設第三階段規範階段的團隊特徵、團隊表現、酒店經理的作用及其說明。

表7-13 團隊規範階段的團隊特徵、團隊表現、酒店經理的作用及其說明

團隊建設規範階段	說　明
團隊特徵	◆ 團隊成員能夠相互接納 ◆ 團隊成員各司其職 ◆ 團隊成員的關係更加融洽 ◆ 溝通暢通
團隊表現	◆ 團隊工作表現直線上升 ◆ 團隊目標更加明確 ◆ 團隊凝聚已經形成 ◆ 團隊建立了自己的規範準則和行為規範
經理的作用	◆ 減弱自己作為團隊隊長的作用 ◆ 把自己融合於團隊之中

您的工作團隊現在是處於團隊建設的哪個階段？請舉例說明。

◆ _____

◆ _____

您認為酒店經理在規範階段中應如何發揮作用？請舉例說明。

◆ _____

◆ _____

團隊規範階段酒店經理的作用

在團隊建設的規範階段，團隊成員開始彼此接納，工作表現上升。表7-14列出了經理幫助新員工從規範階段平穩過渡到致力階段的做法及其說明。

表7-14 酒店經理在規範階段幫助員工進入致力階段的做法與說明

酒店經理的作用	說　明
在非正式場合找新員工交談	◆ 利用休息時間或午餐時間與員工交談 ◆ 花幾分鐘的時間討論一下前一天的工作或問題 ◆ 對有特殊貢獻的員工給個小禮物，並藉機與員工交談一下
讓新員工了解團隊建設傳統	◆ 讓新員工了解以往團隊的一些傳統做法 ◆ 取得階段性進步時組織慶祝活動，如聚餐、體育活動或郊遊等 ◆ 鼓勵新員工向老員工請教

續表

酒店經理的作用	說　明
用講故事的形式幫助員工交流	◆ 將資深員工的趣聞故事講給新員工聽，激發新員工的團隊建設精神 ◆ 留意員工的趣事，並用幽默的態度表現出來，讓氣氛變得和諧
接受員工意見	◆ 認真聽取並接受員工的意見 ◆ 盡可能按員工的意見去做
向新員工介紹那些 採納員工建議的做法	◆「這道廚房餐廳的雙開門就是按照餐廳領班艾倫的意見重新安裝的，兩扇門都可以兩邊開，兩邊的員工可以同時出入」。

您在團隊建設的規範階段是如何幫助員工的？請舉例說明。

◆ _____

◆ _____

團隊建設第四階段：致力

　　從團隊建設的規範階段到致力階段，團隊勞動生產力持續增長，團隊開始有效地解決問題，積極地工作，工作表現突出。表7-15列出了團隊建設第四階段──致力階段的團隊特徵、團隊表現、酒店經理的作用及其說明。

表7-15 團隊致力階段的團隊特徵、團隊表現、酒店經理的作用及其說明

團隊建設致力階段	說　明
團隊特徵	◆ 有效地解決問題並積極工作 ◆ 團隊成員彼此間信任 ◆ 暢所欲言，溝通順暢 ◆ 出現矛盾很快會得到順利解決
團隊表現	◆ 團隊工作表現持續上升，成就顯著 ◆ 團隊成員珍惜團隊的作用 ◆ 團隊成員得到個人職業發展 ◆ 團隊成員致力於共同的目標並爲其負責
酒店經理的作用	◆ 保證企業對團隊各項資源的支持 ◆ 協調團隊與企業管理層之間的溝通 ◆ 放手將手中的工作交由團隊成員擔當

續表

您認爲自己當前的工作團隊是處於致力階段嗎？請舉例說明。

◆ _____

◆ _____

您認爲酒店經理在致力階段中應如何發揮作用？請舉例說明。

◆ _____

◆ _____

　　團隊建設第四階段致力階段是團隊建設所追求的理想階段。檢驗自己的團隊是否已達到理想的致力階段，可以透過回答表7-16列出的工作團隊致力階段檢測問題進行檢測。

　　如果問題的回答是肯定的，說明您的團隊位於最理想的致力階段；如果回答部分肯定，說明您的工作團隊有潛力，但尚須繼續努力。

表7-16 工作團隊致力階段檢測問題

- ◆ 我們經常性地討論共同的目標、解決問題或共同完成團隊工作
- ◆ 我們為團隊創建舒適的輕鬆的環境
- ◆ 我們致力於共同的目標
- ◆ 我們努力完成共同的目標
- ◆ 我們共同分享成功的自豪感
- ◆ 我們坦誠相待，暢所欲言
- ◆ 我們彼此交換意見
- ◆ 我們擁有有效的聆聽技能
- ◆ 我們互相尊重和支持
- ◆ 我們共同致力於創建信任感的氛圍
- ◆ 我們公開坦誠地說出自己不同的看法
- ◆ 我們相互忠誠
- ◆ 我們鼓勵思維見解的多樣性
- ◆ 我們鼓勵首創精神和勇於冒險的精神
- ◆ 我們鼓勵學習新知識
- ◆ 我們尋求完善自我的機會
- ◆ 我們保持靈活多變的姿態

您認為還有哪些檢測致力團隊階段的問題？請舉例說明。

- ◆ _____
- ◆ _____

────本測試題摘自 *Supervision in the hospitality industry* third edition P. 251.

團隊致力階段酒店經理的作用

在團隊建設的致力階段，團隊成員有共同的目標，彼此信任，溝通順暢，勞動生產力高，工作表現突出，賓客滿意度上升。表7-17列出了酒店經理維護團隊致力階段的做法及其說明。

表7-17 酒店經理維護團隊致力階段的做法及其說明

酒店經理的做法	說　明
讓員工分享經驗	◆ 提供讓員工分享經驗和觀點的機會 ◆ 組織培訓與討論探討成功的團隊建設經驗和做法
讓員工感到意見受到重視	◆ 感謝員工的建議 ◆ 將員工建議進行討論
採納員工反饋意見	◆ 儘可能採納員工意見 ◆ 對採納結果進行評估
表揚員工的貢獻	◆ 隨時隨地表揚員工做得對的地方 ◆ 正式表揚員工的貢獻
認可員工的出色表現	◆ 將員工的出色表現進行公開的表揚 ◆ 評選優秀員工或微笑大使活動 ◆ 鼓勵有利於團隊建設的行為

您在實際工作中是如何維護團隊建設致力階段的？請舉例說明。

◆ _____

◆ _____

團隊建設第五階段：解體

　　高效的團隊會因為關鍵成員的離開而使團隊建設受到影響，給團隊工作造成損失。這就是團隊建設的第五階段——解體。在當今飯店業，團隊的解體及其消極影響是不可避免的。表7-18列出了團隊建設解體階段的團隊特徵、團隊表現、酒店經理的作用及其說明。

表7-18 團隊解體階段的團隊特徵、團隊表現、酒店經理的作用及其說明

團隊建設解體階段	說 明
團隊特徵	◆ 團隊核心人物或最佳團隊成員離開了 ◆ 團隊一般人物或表現一般團隊成員相繼離開
團隊表現	◆ 新人對團隊的適應需要時間 ◆ 團隊工作表現大大下降，團隊精神受到破壞 ◆ 導致團隊解體，團隊精神消失
酒店經理的作用	◆ 降低員工流動率維護老團隊 ◆ 重新組建形成新團隊

您如何理解團隊的解體階段？請舉例說明。

◆ _____

◆ _____

您認為酒店經理在解體階段中應如何發揮作用？請舉例說明。

◆ _____

◆ _____

員工流動率與團隊建設

團隊中失去核心人物或最佳團隊成員對團隊建設是一個重大打擊，即使一般團隊成員的離開也會給團隊帶來負面影響，甚至導致團隊的解體。這是因為團隊需要時間彌補由於失去成員造成的損失，而新團隊成員也需要時間接受培訓，需要與其他團隊成員建立信任與和諧的關係的時間。

人員流失，需要組建、形成一個新的團隊，需要一個新的形成、磨合、規範、致力和解體的發展階段，團隊的工作表現有一個從低到高的發展過程。

團隊成員的流失，還會影響到整個酒店企業的團隊建設。這種負面影響會波及四種團隊類型。圖7-7列出了團隊成員流失對團隊建設的負面影響。

圖中餐廳領班艾倫離職，對餐廳簡單工作團隊、接力工作團隊、一體化工作團隊以及解決問題工作團隊都造成了負面影響和損失。表7-19列出了員工離職對團隊

建設的這種負面影響及其說明。

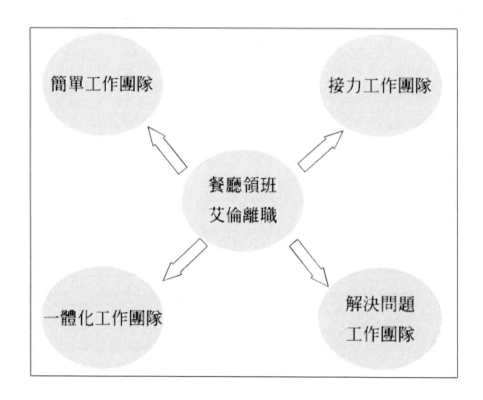

圖7-7 團隊成員流失對團隊建設的負面影響圖示

表7-19 員工離職對團隊建設的負面影響及其說明

負面影響	說　明
簡單工作團隊	◆ 作為餐廳服務員的簡單團隊成員艾倫所接受的培訓與培養團隊建設的時間 ◆ 新成員需要的培訓與培養團隊建設的時間
接力工作團隊	◆ 作為餐廳與廚房集酒吧的接力團隊成員，艾倫所起到的團隊主力成員的作用的流失 ◆ 新成員接力工作團隊成員的培養
一體化工作團隊	◆ 作為「賓客住店新體驗」一體化工作團隊成員，艾倫所起到的一體化工作團隊成員的作用的流失 ◆ 新成員一體化工作團隊成員的培養
解決問題團隊	◆ 作為解決餐廳「酒水銷售」團隊成員，艾倫所起到的解決問題團隊成員的作用的流失 ◆ 新成員解決問題團隊成員的培養

您認為員工流動對團隊建設的影響是什麼樣的？請舉例說明。

◆ _____

◆ _____

　　然而，員工流動並非總是對團隊建設起負面影響，起破壞作用。一些無法培養的團隊成員的離開，會增強團隊的凝聚力，會使團隊盡快進入致力階段，並保持在致力階段。當這些「害群之馬」離開時，團隊成員會說：「啊呀，他可走了！」當然，這樣的團隊成員畢竟是少數。他們的離開有利於團隊建設。

團隊建設的維護

　　團隊建設，在酒店工作中起重要作用。酒店工作團隊，無論是簡單團隊、接力工作團隊、一體化工作團隊，還是解決問題團隊，都要經歷團隊建設的形成、磨合、規範、致力與解體五個階段。經理可以在任何形式的團隊中，在工作團隊經歷的任何階段維護團隊建設。表7-20列出了酒店經理維護團隊建設的方法及其說明。

表7-20 酒店經理維護團隊建設的方法及其說明

維護團隊建設的方法	說　明
員工參與法	◆ 讓員工參與其利益有關的決策過程，有益於團隊建設維護 ◆ 例如，餐廳換了新菜單，可以與餐廳服務員一起討論與新菜單有關的服務程序 ◆ 例如，新改造的客房增加了新設施，可與客房服務員討論設計打掃客房的新程序
員工建議法	◆ 讓員工提出對工作及對客服務的建議，有益於團隊建設 ◆ 鼓勵員工提出建議的最好方法是採納員工的建議 ◆ 對採納的員工建議給予各種形式的獎勵

您在實際工作中是如何維護團隊建設的？請舉例說明。

◆ _____

◆ _____

員工參與法

員工參與與其利益有關的決策過程，可以激發其工作的積極性，維護團隊建設精神。表7-21列出了酒店經理使用員工參與法維護團隊建設的做法及其說明。

表7-21 酒店經理使用員工參與法維護團隊建設的做法及其說明

經理的做法	說　明
組建員工解決問題團隊	參加解決問題團隊的成員應該是： ◆ 受到問題影響的每一位員工 ◆ 非正式團隊的領導人 ◆ 資深員工 ◆ 有興趣解決問題，或有獨到見解的員工
讓員工集思廣益提出意見	◆ 引導員工積極參與討論 ◆ 不對每一條意見進行評論，只是鼓勵員工提出意見 ◆ 把員工意見全部記錄下來
從意見中得到幫助	◆ 對所記錄的意見一一進行評估 ◆ 衡量每條意見的可行性 ◆ 挑選最有效的方案 ◆ 實施有效方案 ◆ 檢測實施方案是否真正有效 ◆ 考慮方案對其他部門及其員工的影響

您在實際工作中如何利用員工參與法維護團隊建設？請舉例說明。

◆ _____

◆ _____

員工建議法

利用員工建議法，維護團隊建設是一個有效可行的方法。鼓勵員工提出自己意見可採用意見箱的做法也可以採用提意見的做法。表7-22列出了員工建議的方法及其說明。

表7-22 員工建議方法及其說明

員工建議方法	說　明
建議箱	◆ 讓員工把自己的意見寫下來並投到意見箱中，可以得到員工深思熟慮的建議 ◆ 不利之處：有些員工可能不喜歡動筆寫

續表

員工建議方法	說　明
提意見	◆ 鼓勵員工隨時隨地以各種方式提出自己的意見 ◆ 員工可隨時找經理提出自己的意見 ◆ 不利之處：員工可能不方便找經理
經理的做法	◆ 認真考慮員工的意見 ◆ 可能的話盡量採用員工的意見 ◆ 採用員工建議時要對提意見的員工進行表揚和鼓勵 ◆ 未採用員工建議時也要向員工加以解釋說明未採用的原因 ◆ 可能的話，可以提出妥協方案

您在實際工作中是如何使用員工建議法的？請舉例說明。
◆ ＿＿＿＿＿＿＿＿＿＿＿＿＿＿＿＿＿＿＿＿＿＿＿＿＿＿＿＿＿
◆ ＿＿＿＿＿＿＿＿＿＿＿＿＿＿＿＿＿＿＿＿＿＿＿＿＿＿＿＿＿

‖ 團隊建設技能達標測試

　　下面關於團隊建設技能的測試問題，用於測試您的團隊建設水準。在「現在」欄做一遍，並在兩週、四週後分別再做一遍這些測試題，看看自己的團隊建設技能是否有進步。提高自己的團隊建設技能，您一定能把員工團結在自己的周圍！

現在	兩週後	四週後	測試問題
☐	☐	☐	1.我知道工作團隊的內涵是什麼
☐	☐	☐	2.我知道為什麼需要團隊建設
☐	☐	☐	3.我知道團隊建設的優勢有哪些
☐	☐	☐	4.我知道工作團隊與工作部門的聯繫與區別是什麼
☐	☐	☐	5.我知道什麼是正式工作團隊與非正式工作團隊
☐	☐	☐	6.我知道工作團隊有多少種類型
☐	☐	☐	7.我知道簡單工作團隊的特徵與優勢是什麼
☐	☐	☐	8.我知道接力工作團隊的特徵與優勢是什麼

續表

現在	兩週後	四週後	測試問題
☐	☐	☐	9.我知道一體化工作團隊的特徵與優勢是什麼
☐	☐	☐	10.我知道解決問題工作團隊的特徵與優勢是什麼
☐	☐	☐	11.我知道團隊建設分為哪幾個階段
☐	☐	☐	12.我知道團隊發展階段與團隊工作表現的關係
☐	☐	☐	13.我知道在團隊形成階段經理的作用是什麼
☐	☐	☐	14.我知道在團隊的磨合階段經理的作用是什麼
☐	☐	☐	15.我知道在團隊的規範階段經理的作用是什麼
☐	☐	☐	16.我知道在團隊的致力階段經理的作用是什麼
☐	☐	☐	17.我知道在團隊的解體階段經理的作用是什麼
☐	☐	☐	18.我知道如何測定工作團隊是否進入致力階段
☐	☐	☐	19.我知道員工離職對團隊建設的影響是什麼樣的
☐	☐	☐	20.我知道如何用員工參與法與建議法維護團隊建設

合計得分

員工管理篇

中國飯店業工程總監培訓進行之中⋯⋯

（新博亞酒店培訓提供）

第八章 招聘與員工配置——挑選合適的人並讓員工各盡其才

本章概要

員工招聘與配置技能水準測試招聘

招聘條件

內部招聘

外部招聘

面試

安排面試

開放式問題與80/20原則

測試

資料核實

做出選擇

關於面試的練習

員工配置

有創意的人員配置

員工配置手冊

客情預測

關於員工配置的練習

員工排班

員工招聘與配置技能達標測試

培訓目的

學習本章「招聘與員工配置——挑選合適的人並讓員工各盡其才」之後，您能夠：

☆瞭解酒店招聘員工的條件及招聘形式

☆瞭解如何對應聘者進行面試和篩選

☆學習並掌握員工配置與排班的技能

‖ 員工招聘與配置技能水準測試

下面關於員工招聘與配置技能的測試問題，用於測試您的員工招聘與配置技能。選擇「知道」為1分，選擇「不知道」為0分。得分高，說明您對員工招聘與配置技能理解深刻，有可能在工作中加以運用；得分低，說明您有學習潛力，學到新知識，將來會在工作中加以運用。

知道	不知道	測試問題
☐	☐	1.我知道酒店員工招聘的條件是什麼
☐	☐	2.我知道如何在招聘工作中使用工作說明書
☐	☐	3.我知道什麼是內部招聘與外部招聘
☐	☐	4.我知道內部招聘的利弊有哪些
☐	☐	5.我知道內部招聘的方式有哪些
☐	☐	6.我知道外部招聘的利弊有哪些
☐	☐	7.我知道外部招聘的方式有哪些
☐	☐	8.我知道如何對應聘者進行面試
☐	☐	9.我知道如何準備、進行與結束面試
☐	☐	10.我知道如何進行筆試與技能測試
☐	☐	11.我知道如何核實員工資料
☐	☐	12.我知道如何做出最後的選擇
☐	☐	13.我知道由哪個部門辦理聘用及入職手續
☐	☐	14.我知道如何使用開放式問題
☐	☐	15.我知道如何使用80/20原則
☐	☐	16.我知道什麼是有創意的人員配置
☐	☐	17.我知道如何確定及使用員工配置手冊
☐	☐	18.我知道如何確定勞動生產力標準
☐	☐	19.我知道如何使用客情預測進行員工配置
☐	☐	20.我知道如何對員工進行排班以及排班的注意事項有哪些

合計得分：

招聘

　　酒店業勞動力缺乏，有技能、有管理能力的人員匱乏，這個事實在全世界範圍內的酒店業得到證實。如何招聘到適合酒店業工作的優秀員工，如何對應聘人員進行面試並挑選到適合酒店工作的優秀員工，如何對在職員工進行有效的人員配置及排班，讓員工各其盡才，已成為酒店經理必須掌握的督導技能。

招聘條件

　　酒店員工配置，或員工崗位編制由人力資源部根據員工平均勞動生產力標準與酒店客房、餐廳以及附屬設施數量而定。

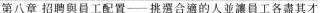
當某位員工離職，造成該崗位空缺，酒店經理就需要招聘一位員工滿足這個工作崗位的工作需求。從一位員工離職到另一位新員工頂替該崗位工作的過程，叫員工流動。對一間已經營業的酒店來說，造成崗位空缺的原因是員工流動——員工離職到別的工作單位、員工晉升、員工調職等。

招聘，是確定員工勝任空缺工作崗位所需具備的知識、技能與工作態度，尋找可能勝任工作的潛在員工的過程。

員工招聘條件

員工招聘與面試，是挑選適合空缺工作崗位員工的有效方式。表8-1列出了挑選適合空缺崗位員工的標準與條件及其說明。

表8-1 適合空缺崗位員工的標準與條件及其說明

標準與條件	說　明
知識	◆ 具備空缺職位所需要的知識 ◆ 具有一定的文化知識 ◆ 具有一定的語言要求
技能與能力	◆ 具有空缺職位所需要的技能 ◆ 具有空缺職位所需要的能力 ◆ 具有空缺職位所需要的體力要求
工作態度	◆ 喜歡做服務行業工作 ◆ 喜歡與人打交道 ◆ 熱情、開朗、大方 ◆ 具有好學上進的精神
您在工作中招聘員工的標準有哪些？請舉例說明。 ◆ ＿＿＿＿＿＿＿＿＿＿＿＿＿＿＿＿＿＿＿＿＿＿＿＿＿＿＿＿＿＿＿＿＿＿＿＿＿＿ ◆ ＿＿＿＿＿＿＿＿＿＿＿＿＿＿＿＿＿＿＿＿＿＿＿＿＿＿＿＿＿＿＿＿＿＿＿＿＿＿	

工作說明書

大型酒店人力資源部，通常向經理們提供各員工崗位的工作說明書。工作說明

書以文字方式對具體員工工作崗位的工作任務、工作責任、工作條件以及員工的素質要求，做了明確規定。員工的素質要求，是員工招聘與面試的參考依據，包括針對具體員工崗位所需具備的個人知識、技能、能力和經驗。表8-2列出了西餐廳服務員的工作說明書樣本。

表8-2 西餐廳服務員工作說明書樣本

職位：西餐廳服務員

直接上級：西餐廳經理

內容	說　明
主要工作任務	1.迎接賓客並爲賓客安排座位，呈上菜單，爲賓客倒冰水 2.爲賓客點菜，向賓客提供有關菜餚與酒水的建議 3.填寫點菜單，並把點菜單分送廚房與酒吧 4.爲迎賓員、傳菜員、廚師和調酒師溝通，準時提供菜餚與酒水 5.爲賓客上菜，按標準程序爲賓客服務菜餚與酒水 6.進行餐中服務，觀察賓客，確保賓客對菜餚與服務的滿意度 7.及時上菜並撤盤 8.準確快速地爲賓客結帳，找回零錢與發票 9.協助上菜服務員收檯，撤下的餐盤餐具及時送至洗碗間 10.清理並重新擺檯
素質要求	◆ 教育：高中畢業或同等學力，會講普通話與本地地方話，會簡單英語；有溝通技巧；能夠進行簡單的數學計算 ◆ 經驗：有相關工作經驗者優先，有上進心及領悟精神的優先 ◆ 身體要求：身體健康，能上早班，能上全日班；能舉托盤，能搬運重物，如托盤和清潔桶等
您下屬的員工職位有哪些素質要求？請舉例說明。 ◆ _____ ◆ _____	

內部招聘

當部門某一崗位出現空缺時，經理對照員工工作說明書或某項具體工作崗位的員工招聘條件，確定需要招聘什麼樣的員工。經理可以透過內部與外部招聘管道招聘員工。

內部招聘的利弊

內部招聘，是在酒店企業內部公布員工空缺崗位情況，並從在職員工中選拔人員填補空缺的一種方式。表8-3列出了內部招聘的利與弊及其說明。

表8-3 內部招聘的利與弊及其說明

內部招聘的利弊	說　明
內部招聘的利弊	◆ 晉升式內部招聘提高受聘員工士氣 ◆ 晉升式內部招聘為其他員工創造機會並提高士氣 ◆ 酒店經理了解內部招聘員工的實力，在領導上可有的放矢 ◆ 晉升式招聘加長員工職業發展的鏈條 ◆ 內部招聘的成本比外部招聘成本要低得多 ◆ 員工看到希望，員工流動率降低
內部招聘的不足	◆ 容易導致「任人唯親」的現象 ◆ 可能會挫傷沒有受到提升員工的士氣 ◆ 可能導致不良的風氣 ◆ 容易引起內部矛盾 ◆ 在某個空缺職位得到補充的同時，造成了另一個職位的空缺
您認為內部招聘還有哪些利弊？請舉例說明。 ◆ _____ ◆ _____	

內部招聘的方式

由於內部招聘，尤其是晉升式招聘具有激勵工作表現出色員工，激勵員工努力達到更高目標以及保持酒店企業員工穩定性的特點，因而受到酒店企業經理的重視。表8-4列出了實行內部招聘的方式及其說明。

表8-4 內部招聘的方式及其說明

內部招聘的方式	說　明
公告空缺職位	◆ 向全體員工公布所有的空缺崗位 ◆ 將布告張貼到員工都能看得到的地方 ◆ 布告要有時間期限，有詳細的招聘職位應具備的素質及工作要求 ◆ 達到條件要求的員工才能應聘或推薦
允許員工推薦	◆ 允許員工推薦親戚朋友應聘空缺職位 ◆ 被推薦人通過試用期後，推薦人可獲得某種獎勵
制訂員工職業發展計畫	◆ 爲員工制訂職業發展計畫，一貫達到工作標準的員工應該擔負更多的職責 ◆ 晉升性的空缺職位優先考慮在職員工 ◆ 橫向平級流動也是吸引並留住合格員工的方式

續表

內部招聘的方式	說　明
評估員工的工作技能	◆ 評估員工的工作技能，重視員工的工作技能 ◆ 優先提拔技能水平高的員工
提供員工交叉培訓	◆ 交叉培訓允許員工完成本部門或跨部門的其他工作任務 ◆ 交叉培訓使員工一專多能，有自豪感 ◆ 交叉培訓有益於員工的提拔晉級

您在實際工作中使用內部招聘方式嗎？請舉例說明。

◆ ＿＿＿＿＿＿＿＿＿＿＿＿＿＿＿＿＿＿＿＿＿＿＿＿＿＿＿＿

◆ ＿＿＿＿＿＿＿＿＿＿＿＿＿＿＿＿＿＿＿＿＿＿＿＿＿＿＿＿

外部招聘

　　儘管內部招聘有很多的優勢，大多數酒店只是把晉升性的空缺崗位進行內部招聘，而對一線空缺工作崗位進行外部招聘，即從酒店企業外部尋找應聘者。外部招聘可以帶來新人新想法。

外部招聘的利弊

外部招聘使企業員工來源多元化，有利於企業的創新經營。表8-5 列出了外部招聘的優勢與不足及其說明。外部招聘的方式

表8-5 外部招聘的優勢與不足及其說明

外部招聘的優勢與不足	說　明
外部招聘的優勢	◆ 爲酒店企業注入新人和新思想 ◆ 可以了解其他酒店企業，特別是競爭對手企業的不同經營方法 ◆ 從不同的角度審視酒店企業，增強員工的自豪感與工作動力 ◆ 可以避免那些由於內部招聘而產生的副作用 ◆ 招聘本身起著廣告作用，提示社會本酒店企業經營良好
外部招聘的不足	◆ 新招聘之人需要一個認同酒店企業文化和經營理念的過程 ◆ 外部招聘會影響在職員工的情緒 ◆ 外聘人員需要入職培訓和培訓，成本較高 ◆ 外聘人員需要一段熟悉工作的時間，而內部招聘人員需要的時間相對短些
您認爲外部招聘還有哪些優勢與不足之處？請舉例說明。 ◆ ＿＿＿＿＿＿＿＿＿＿＿＿＿＿＿＿＿＿＿＿＿＿＿＿＿＿＿＿＿＿ ◆ ＿＿＿＿＿＿＿＿＿＿＿＿＿＿＿＿＿＿＿＿＿＿＿＿＿＿＿＿＿＿	

外部招聘，是從根本上解決員工空缺崗位和人手不足問題的途徑。表8-6列出了酒店經理外部招聘的方式及其說明。

表8-6 外部招聘的方式及其說明

外部招聘方式	說　明
廣告	◆ 在當地報紙、電視台、電台等發布招聘廣告 ◆ 內容包括：工作職位、所需資格、如何應聘
職業仲介機構	◆ 職業仲介機構多數是收費的 ◆ 有高級管理人員的仲介介紹，也有初級人員的仲介介紹
院校合作實習	◆ 與旅遊級酒店管理學院合作建校 ◆ 由學校派出學生作實習生 ◆ 實習結束，實習生可以成為酒店正式員工
組織招聘會	◆ 到有求職的地方組織專場招聘會，如院校、培訓機構等 ◆ 參加由其他機構組織的招聘會 ◆ 選擇招聘會的類型
其他招聘形式	◆ 安置殘疾人士就業 ◆ 安置退役與轉業軍人 ◆ 通過專業性的職業招聘網站招聘 ◆ 通過本酒店企業網站招聘 ◆ 有針對性的口頭宣傳 ◆ 熟人推薦 ◆ 考慮可招聘的退休人員

您在工作中還使用過哪些外部招聘形式？請舉例說明。

◆ _____

◆ _____

‖ 面試

　　確定員工空缺崗位的招聘條件，採用內部或外部招聘方式招到應聘人選。下一步就是對應聘者進行面試、測試、資料核實，挑選最適合、最有可能勝任空缺工作崗位的應聘者。所挑選出來的適合人選，由酒店人力資源部下聘書並完成最後的聘用手續。表8-7列出了酒店經理對應聘人員進行面試篩選的步驟及其說明。

表8-7 酒店經理對應聘人員進行面試篩選的步驟及其說明

面試步驟	說　明
安排面試	◆ 對前來應聘的幾位潛在員工進行面對面的談話 ◆ 向員工介紹酒店企業，為潛在員工建立合理的期望值 ◆ 了解員工是否符合應聘條件，是否是適合的人選
安排測試	◆ 評估應聘者是否符合應聘條件 ◆ 筆試 ◆ 技能測試 ◆ 心理測試 ◆ 健康測試
核實資料	◆ 對應聘者提供的資料進行真偽確認 ◆ 了解應聘者的真實情況
做出選擇	◆ 由招聘職位的用人經理做出最後的用人選擇 ◆ 完成「應聘表」中相關訊息
最後聘用	◆ 由人力資源部辦理員工聘用手續 ◆ 由人力資源部辦理員工入職手續

您在實際工作中是如何對應聘人員進行面試篩選的？請舉例說明。

◆ _____

◆ _____

安排面試

面試的目的，是讓應聘者瞭解酒店企業的情況，幫助潛在員工對工作與酒店企業建立合理的期望值。

面試前要認真查看員工應聘表。應聘表上的員工就業情況、教育背景、工作與個人愛好及其他個人資料可為面試提供依據。

應聘表記錄著應聘者的就業歷史，可根據應聘表提出面試問題。多數應聘表有記錄面試評語的地方，面試結束後，酒店經理應該在相應的空格內填上自己同意以及不同意聘用的意見，並簽名、寫明日期。表8-8列出了安排面試的內容及其説明。

表8-8 安排面試的內容及其説明

安排面試	說　明
準備面試	◆ 選擇一個不被打擾的安靜的面試地點，舒適有氛圍 ◆ 選擇一個不被打擾的、有充足時間進行交談的時間段 ◆ 了解應聘者的背景資料，把應聘表放在手邊 ◆ 手頭備有所需要的面試資料，如員工手冊、工作說明書 ◆ 了解與工作職位有關的情況，如工作時間，報酬等 ◆ 準備面試問題，多使用開放式問題
面試之中	◆ 自我介紹，歡迎應聘者 ◆ 用幾分鐘的時間讓彼此熟悉，使應聘者放鬆下來 ◆ 介紹酒店企業及應聘工作職位 ◆ 提問準備好的問題 ◆ 聆聽，堅持80/20原則，80%的時間用於聆聽，20%的時間用於提問 ◆ 為應聘者的素質打分：整潔、熱情；目光交流、乾淨、良好的儀態、積極的態度 ◆ 避免偏見與光環效應（即根據應聘者的一兩個優缺點就給出片面評價） ◆ 做紀錄，並在面試之後加以整理
結束面試	◆ 向應聘者詢問是否還有其他問題 ◆ 告訴應聘者何時有面試結果(不適合的立即通知結果) ◆ 感謝應聘者前來面試 ◆ 與面試者握手告別 ◆ 根據筆記回憶面試過程，並將自己的意見填寫到應聘表的「面試經理意見」欄內 ◆ 及時將面試結果向人力資源部通報

您在工作中是如何面試員工的？請舉例說明。

◆ _____

◆ _____

開放式問題與80/20原則

在面試中提倡使用開放式問題。開放式問題，指不能用簡單的「是」或「不是」回答的，要加以解釋說明的問題，應聘者可自由選擇回答方式。與開放式問題相反的是封閉式問題，即可以用簡單的「是」或「否」來回答的問題，限定性較強，要求非常簡要的答案。表8-9列出了提問方式及其說明。

表8-9 提問方式及其說明

提問方式	說　明
封閉式問題	◆ 「您喜歡酒店工作嗎？」回答「喜歡」或「不喜歡」 ◆ 「您能上夜班嗎？」回答「能」或「不能」
開放式問題	與教育有關的 ◆ 「您在上時做過哪些自己喜歡的兼職工作？」 ◆ 「您最喜歡的功課是哪一門?爲什麼？」 與就業有關的 ◆ 「您在之前工作中感到壓力最大的是什麼？」 ◆ 「您做過的最感到驕傲的待客服務案例是什麼？」 與目標有關的 ◆ 「您對自己的將來有什麼打算？」 ◆ 「在您的職業發展中誰對您的影響最大，爲什麼？」 與自我意識有關的 ◆ 「您以前的同事是怎麼評價您的？」 ◆ 「您心中的優質待客服務是什麼樣的？」
您認爲在面試時還有哪些開放式問題？請舉例說明。 ◆ ＿＿＿＿＿＿＿＿＿＿＿＿＿＿＿＿＿＿＿＿＿＿＿＿＿＿ ◆ ＿＿＿＿＿＿＿＿＿＿＿＿＿＿＿＿＿＿＿＿＿＿＿＿＿＿	

　　80/20原則是指經理在面試員工時，談話時間不應超過20%，80%的時間應該用於聆聽。表8-10列出了經理在面試時使用的80/20原則的使用方式及其說明。

表8-10 80/20原則的使用方式及其說明

80/20原則的使用方式	說　明
80%的時間	◆ 在40分鐘的員工面試中，有32分鐘聆聽應聘者說話 ◆ 提前準備開放式問題讓應聘者加以說明解釋 ◆ 一邊聆聽一邊做紀錄 ◆ 從應聘者的言談中看應聘者的工作態度與溝通能力
20%的時間	◆ 在40分鐘的員工面試中，有8分鐘的時間用於談話 ◆ 介紹酒店企業及其工作職位 ◆ 回答應聘者提出的問題 ◆ 通過面試了解應聘者，判斷其是否是最適合人選

續表

您最後一次對員工進行面試時花了多少時間聆聽與談話？請舉例說明。

♦ _____

♦ _____

測試

測試是對應聘者進行評估的一種手段，通常在有較多應聘者競爭同一個崗位時使用，以增加應聘者的評估難度。表8-11列出了測試種類及其說明。

表8-11 測試種類及其說明

測試種類	說　明
筆試	◆ 一般用於文職應聘者，如秘書、文員 ◆ 外語程度測試 ◆ 中文程度測試
技能測試	◆ 一般用於技能性強的應聘者，如廚師、電工等 ◆ 品質測試，如檢查客房潔淨度 ◆ 速度測試，如測試切菜速度、打字速度
體能測試	◆ 一般用於需要體能要求的應聘者，如保安 ◆ 衡量應聘者某種特定工作或技能的能力
心理測試	◆ 一般用於高層管理人員應聘者，用於測試應聘者的個性，如誠實與正直等 ◆ 了解應聘者的心理健康程度
體格檢查	◆ 適用於所有員工 ◆ 通常是在正式錄用後才進行的測試 ◆ 酒店業員工有體格檢查表 ◆ 酒店業員工要符合酒店業健康與衛生要求

您在實際工作中對應聘者使用過哪些測試方式？請舉例說明。

◆ _____

◆ _____

資料核實

對於酒店業員工來說，誠實與正直非常重要。當對應聘者進行面試與測試後，通常將應聘者縮小到一個很小的範圍內。這時要對應聘者提供的資料進行核實，以淘汰那些提供虛假證明資料或在前一個單位工作表現欠佳的應聘者。

資料核實工作比較費時費力，但很有必要。不對即將聘用的應聘者進行資料核實，可能會造成招聘失誤。很多酒店企業由人力資源部的人員來完成這項工作，經理起輔助作用。表8-12列出了對應聘人員進行資料核實的步驟及其說明。

表8-12 資料核實的步驟及其說明

資料核實的步驟	說　明
核實資料的真實性	◆ 核實就業履歷、工作職位、薪水情況 ◆ 核實教育與培訓證書資料，如複印件
了解應聘者以前的工作表現	◆ 設法與應聘者的前任上司取得聯繫 ◆ 核實工作證明 ◆ 通過以前的工作單位進行調查了解
電話核實	◆ 電話諮詢證明人 ◆ 電話內容要加以記錄，並放進應聘人資料中

您在實際工作中是如何進行資料核實工作的？請舉例說明。

◆ _____

◆ _____

做出選擇

　　在用開放式問題與80/20原則對應聘者進行面試以及測試，並且進行了資料核實後，面試的最後一步就是在所有的人選中做出最後的選擇，選擇最適合招聘崗位的應聘者。表8-13列出了對空缺崗位應聘者做出選擇的步驟及其說明。

表8-13 對空缺崗位應聘者做出選擇的步驟及其說明

做出選擇的步驟	說　明
克服選擇的常見錯誤	◆ 過於草率的選擇：老鄉、校友、和自己相像的人 ◆ 急於用人，未聘到最佳人選 ◆ 聘用了最出色而不是最適合的人 ◆ 未執行完面試的全過程，例如資料核實 ◆ 過於重視熟人推薦
聽取人力資源部的意見	◆ 面試過程最好請人力資源部派人參加 ◆ 難以決斷時請教人力資源部人員的意見
試用期	◆ 規定一個試用期，以進一步考核新員工 ◆ 申明試用期滿之前的聘用是暫時的
在試用期內做出決定	◆ 對不適合的新員工在試用期離開可以避免很多麻煩 ◆ 重新開始新的招聘與面試工作，繼續尋找適合的人
簽訂正式聘用合同	◆ 決定聘用後，與新員工討論入職培訓與培訓事宜 ◆ 試用期滿，由人力資源部與新員工簽訂正式勞動合同 ◆ 由人力資源部對新員工辦理入職手續

您在工作中是如何做出選擇的？請舉例說明。

◆ _____

◆ _____

關於面試的練習

假設您可能對手下空缺員工崗位進行招聘，並在眾多應聘者中進行面試篩選，完成表8-14關於面試的練習。

表8-14 關於面試的練習

面試步驟	說　明
準備面試	◆ _____ ◆ _____

面試步驟	說　明
面試之中	◆ _____ ◆ _____
結束面試	◆ _____ ◆ _____
測試	◆ _____ ◆ _____
資料核實	◆ _____ ◆ _____
做出選擇	◆ _____ ◆ _____

員工配置

　　員工配置，是指在酒店企業運營中的每一時段，每個工作崗位所需要員工人數的詳細的安排與計劃。良好的員工配置，可使酒店在預算內經營，員工有一個不至於過度緊張的工作環境，賓客有一個愉快的入住經歷。

　　員工經過招聘、面試進入酒店企業，經過入職培訓與在職培訓，就可以獨立工作了。員工配置，對於大多數經理來說，代表著員工工作時間與班次的安排，即排班。

　　在酒店業，並非所有員工在同一時間上班，同一時間下班；而是根據客情分布在一天24小時、一週7天、一年365天的每時每刻。

有創意的人員配置

　　如果一個飯店的工作安排能夠吸引員工，招聘合格應聘者的機會就會更多。經理在員工配置時要滿足部門工作需求，也要滿足員工對工作的選擇性。表8-15列出了酒店員工配置的方式及其說明。

表8-15 酒店員工配置的方式及其說明

酒店員工配置的方式	說　明
彈性工作時間	◆ 員工在不同的時間上下班 ◆ 客情高峰期集中多數員工在工作現場 ◆ 其他時間員工陸續上下班 ◆ 例如：餐廳上午12點到下午2點為客情高峰期，彈性開始工作時間為早9~11點，彈性結束時間為下午3~5點 ◆ 每位員工的工作時間為開始工作的8個半小時後結束(含半小時午餐時間)
壓縮工作時間	◆ 員工每週工作4天，每天工作10小時 ◆ 壓縮工作時間與酒店客情相一致
工作共享制	◆ 由兩名或更多員工分擔一個崗位的工作職責 ◆ 員工共對工作職責負責，或分別承擔某幾項職責 ◆ 工作時間採用重疊式交叉，以保證必要的溝通 ◆ 如員工突然離職，其他人可立刻接手工作 ◆ 實行工作共享制，應保證員工工作標準合格，工作量適當
兩頭工作時間	◆ 員工在早班工作3小時 ◆ 其餘時間分別在中、晚班時間補足
臨時工作時間	◆ 聘用臨時工 ◆ 聘用兼職員工
補休	◆ 在酒店經營旺季時加班 ◆ 在酒店經營淡季時補休

您在實際工作中還用過哪些員工配置方式？請舉例說明。

◆ _____

◆ _____

員工配置手冊

員工配置手冊列出了員工勞動生產力標準，即經過培訓的熟練員工平均應該達到的標準工作量。例如，客房服務員清潔一間標準房的時間，西餐廳服務員服務賓客的人數，中餐廳服務員服務賓客的桌數，櫃臺接待員為賓客辦理入住登記的時間等。

每間酒店的經營與設施不同，員工勞動生產力標準也不相同。即使是同一間酒店，由於客房設施與布局的差異，勞動生產力標準也有差異。表8-16列出了員工勞動生產力標準的制定方式及其說明。

表8-16 員工勞動生產力標準的制定方式及其說明

員工勞動生產力標準制定方式	說 明
測算法	◆ 根據部門工作標準確定清潔一間客房所需時間 　　例如：30分鐘 ◆ 確定員工工時 　　例如：8小時×60分鐘=480分鐘 ◆ 確定可用於客房清潔時間 　　例如：480分鐘-60分鐘班前後準備及上下午休息時間=420分鐘 ◆ 勞動生產力標準 　　420分鐘÷30分鐘=清潔14間客房 　　按每位員工8小時工作計算
觀察法	◆觀察並記錄幾位經過培訓的熟練員工的工作量，包括： 　1.服務的賓客人數 　2.員工工作小時數 　3.員工每小時平均服務的賓客人數 　4.員工是否按工作標準工作 ◆取幾位員工的平均工作量作為員工勞動生產力的標準 ◆例如每位中餐服務員能服務4張餐檯
您在實際工作中是如何制定員工勞動生產力標準的？請舉例說明。 ◆ _____ ◆ _____	

根據不同崗位員工勞動生產力標準，可以制定員工配置手冊。酒店經理根據員工配置手冊與客情預測情況對員工進行合理排班。合理的員工排班，控制勞動力費用的支出水準，也讓員工能夠在一個相對輕鬆的工作環境中工作。

表8-17列出了制定員工配置手冊的步驟及其說明。表中假設新博亞酒店擁有客房300間，均按標準房計算。

表8-17 制定員工配置手冊的步驟及其說明

制定員工配置手冊的步驟	說 明
確定出租率	◆ 酒店出租率有淡旺季之分 ◆ 一週七天的出租率會大不相同 ◆ 根據酒店預測確定下週客房出租率情況
確定所需清潔的房間數	◆ 根據出租率情況確定所需清潔的客房間數 ◆ 例如，出租率90%，需要清潔的房間數為270間
確定每位員工可清潔房間數	◆ 員工每天工作8小時 ◆ 上下班交接準備時間各為15分鐘，需要30分鐘時間 ◆ 上下午各休息15分鐘，需要30分鐘時間 ◆ 員工有效工作時間為7小時 ◆ 每位員工可清潔房間數為14間(7小時÷0.5小時)
確定所需員工人數	◆ 需要清潔房間數÷每位員工可清潔房間數 ◆ 即，需要清潔房間數÷每位員工可清潔房間數= 270÷14=17.14 ◆ 所需員工人數為18人 ◆ 考慮房間的標準不同所需要人數會有差異 ◆ 考慮員工可能請事、病假的因素 ◆ 最終確定所需上班的員工人數
您在實際工作中如何使用員工配置手冊為員工排班？請舉例說明。 ◆ _____ ◆ _____	

　　根據以上假設情況計算的新博亞酒店客房服務員配置情況，可以編制員工配置手冊，作為客房部排班工具。表8-18列出了假設的新博亞酒店客房部員工配置手冊。

表8-18 新博亞酒店客房部員工配置手冊

客房出租率	需要清潔的客房間數	所需客房服務員人數
100%	300	22
95%	285	21
90%	270	20
85%	255	19
80%	240	18
75%	225	17
70%	210	15

續表

客房出租率	需要清潔的客房間數	所需客房服務員人數
65%	195	14
60%	180	13
55%	165	12
50%	150	11

客情預測

　　客情預測，是酒店企業針對某月、某星期、某天或某餐所做的客情預報。客情預測是酒店經理進行人員配置的必不可少的工具。由於預測是對未來的測算，往往有很大的不確定性，經驗與歷史數據也是很好的參考依據。表8-19列出了酒店經理在人員配置時使用客情預測的類型及其說明。

　　根據客情預測做出員工配置安排之後，酒店經理依然要監控客情預測的變化，並根據客情變化適時對人員配置進行適當的調整。

表8-19 客情預測的類型及其說明

客情預測的類型	說　明
每月預測	◆ 由銷售部根據客房與會議的預訂提供 ◆ 時間長，準確率相對較低 ◆ 根據歷史數據加以調整 ◆ 可用於每月一次的排班
10天預測	◆ 時間較短，準確率相對較高 ◆ 出租率預測 ◆ 可根據歷史數據加以調整 ◆ 可用於每週一次的排班
3天預測	◆ 準確率最高 ◆ 出租率 ◆ 可根據經驗進行調整 ◆ 用於排班調整
您在實際工作中是如何利用客情預測進行排班的？請舉例說明。 ◆ _____ ◆ _____	

關於員工配置的練習

　　酒店經理手中一旦擁有員工配置手冊與客情預測資料，就可以比較準確地進行員工配置了。讓我們仍然使用新博亞酒店的假設數據看客房部員工配置的案例。表8-20列出了新博亞酒店客房部員工配置案例。

表8-20 新博亞酒店客房部員工配置案例

預測日期	預測出租率	工作量(房間)	人員配置計畫(人數)
10/8 星期五	80%	240	18
11/8 星期六	70%	210	15
12/8 星期天	60%	180	13
13/8 星期一	100%	300	22
14/8 星期二	95%	285	24
15/8 星期三	95%	285	21
16/8 星期四	95%	285	21
17/8 星期五	80%	240	18
19/8 星期六	70%	210	15
20/8 星期天	60%	180	13

您在上述情況時是如何進行員工配置的？請舉例說明。

◆ _____

◆ _____

在表8-20中，所需要的員工配置人數為最低員工配置人數，未包括房間類型的變化所需要增加或減少的人員數，也未考慮員工請假的因素。表8-21列出了員工配置的練習，可根據新博亞酒店客房部的假設數據進行練習。

表8-21 關於客房部員工配置的練習

預測日期	預測出租率	工作量(房間)	人員配置計畫(人數)
10/8 星期五	90%		
11/8 星期六	95%		
12/8 星期天	90%		
13/8 星期一	70%		
14/8 星期二	75%		
15/8 星期三	70%		
16/8 星期四	80%		
17/8 星期五	90%		

續表

預測日期	預測出租率	工作量(房間)	人員配置計畫(人數)
19/8 星期六	95%		
20/8 星期日	90%		

您是如何進行員工配置的？請舉例說明。

◆ _____

◆ _____

員工排班

酒店經理根據客情預測資料以及員工配置手冊準確進行員工配置，確定在某部門的某個時間段配置多少員工。根據員工配置的要求，安排每一位員工的上下班時間叫做員工排班。員工排班通常用員工排班表表示。表8-22列出了員工排班的具體注意事項。表8-23列出了新博亞酒店客房部西樓員工排班案例。表8-24列出了關於員工排班的練習，可根據酒店具體情況對員工進行模擬演練。

表8-22 員工排班的注意事項

◆ 每個星期為員工排一次班
◆ 每次排班為一個星期的時間
◆ 根據客情需求，錯開員工上下班的時間
◆ 在排班表公布之前得到相關人員的批准或審核
◆ 提前三天公布員工排班表
◆ 在固定的時間和地點公布或張貼排班表
◆ 對未得到排班訊息的員工口頭通知加以確認
◆ 記錄並滿足員工的休假及調班要求
◆ 每天多排一位至兩位員工上班，以備特殊情況需求
◆ 每天根據「三天客情預測」核查排班表，進行臨時排班調整
◆ 親自將臨時排班的變動情況通知員工
◆ 及時總結排班經驗，增進自己的員工排班技能

您在實際工作中有哪些排班經驗？請舉例說明。

◆ _____

◆ _____

表8-23 新博亞酒店客房部西樓員工排班案例

新博亞酒店客房部西樓員工 排班表						

部門：客房部西樓　　　　　　　　　　　　　　　　日期：9/12
職位：客房服務員　　　　　　　　　　　　　　　　主管：瑟琳娜

員工	星期一 12/12	星期二 13/12	星期三 14/12	星期四 15/12	星期五 16/12	星期六 17/12	星期日 18/12
金妮	06：30 15：00	06：30 15：00	06：30 15：00	06：30 15：00	休息	休息	06：30 15：00
約翰	06：30 15：00	休息	休息	06：30 15：00	06：30 15：00	06：30 15：00	06：30 15：00
王美	06：30 15：00	06：30 15：00	06：30 15：00	06：30 15：00	06：30 15：00	休息	休息
愛莉	22：30 07：00	06：30 15：00	06：30 15：00	06：30 15：00	休息	休息	06：30 15：00
杰克	休息	06：30 15：00	06：30 15：00	06：30 15：00	06：30 15：00	06：30 15：00	休息
喬治	14：30 23：00	06：30 15：00	06：30 15：00	06：30 15：00	06：30 15：00	休息	休息
楊光	休息	14：30 23：00	06：30 15：00	14：30 23：00	14：30 23：00	06：30 15：00	休息
海浪	休息	休息	14：30 23：00	休息	14：30 23：00	14：30 23：00	14：30 23：00
林達	休息	14：30 23：00	14：30 23：00	14：30 23：00	休息	22：30 07：00	22：30 07：00
艾米	休息	22：30 07：00	22：30 07：00	22：30 07：00	22：30 07：00	休息	休息

表8-24 關於員工排班的練習，請根據您所在酒店具體情況對員工排班進行練習

_____酒店 _____ 員工

排班表

部門：_____   日期：_____
職位：_____   主管：_____

員工	星期一	星期二	星期三	星期四	星期五	星期六	星期日
_____							
_____							
_____							
_____							
_____							
_____							
_____							
_____							
_____							

員工招聘與配置技能達標測試

　　下面關於員工招聘與配置技能的測試問題，用於測試您的員工招聘與配置技能水準。在「現在」欄做一遍，並在兩週、四週後分別再做一遍這些測試題，看看自己的員工招聘與配置技能是否有進步。提高自己的員工招聘與配置技能，您一定能夠成為一名挑選合適員工並讓員工各盡其才的經理。

現在	兩週後	四週後	測試問題
☐	☐	☐	1.我知道酒店員工招聘的條件是什麼
☐	☐	☐	2.我知道如何在招聘工作中使用工作說明書
☐	☐	☐	3.我知道什麼是內部招聘與外部招聘
☐	☐	☐	4.我知道內部招聘的利弊有哪些
☐	☐	☐	5.我知道內部招聘的方式有哪些
☐	☐	☐	6.我知道外部招聘的利弊有哪些
☐	☐	☐	7.我知道外部招聘的方式有哪些
☐	☐	☐	8.我知道如何對應聘者進行面試
☐	☐	☐	9.我知道如何準備、進行與結束面試
☐	☐	☐	10.我知道如何進行筆試與技能測試
☐	☐	☐	11.我知道如何核實資料
☐	☐	☐	12.我知道如何做出最後的選擇
☐	☐	☐	13.我知道由哪個部門來辦理聘用及入職手續
☐	☐	☐	14.我知道如何使用開放式問題
☐	☐	☐	15.我知道如何使用80/20原則
☐	☐	☐	16.我知道什麼是有創意的人員配置
☐	☐	☐	17.我知道如何確定及使用員工配置手冊
☐	☐	☐	18.我知道如何確定勞動生產力標準
☐	☐	☐	19.我知道如何使用客情預測進行員工配置
☐	☐	☐	20.我知道如何對員工進行排班以及排班的注意事項有哪些

合計得分：

第九章 培訓——讓員工成長起來

本章概要

員工培訓技能水準測試入職培訓

酒店級入職培訓

部門級入職培訓

培訓

培訓分類

何時需要培訓

培訓益處

培訓是投資

在職培訓

在職培訓的形式

確定工作崗位

確定工作任務

工作流程

工作細則

四步培訓法

第一步：準備培訓

第二步：實施培訓

第三步：學員練習

第四步：培訓評估

培訓培訓師TTT課程

培訓師的素質要求

員工培訓技能達標測試

培訓目的

學習本章「培訓——讓員工成長起來」之後,您將能夠:

☆瞭解員工入職培訓的內容

☆瞭解培訓的分類、培訓的益處及培訓是投資的理念

☆瞭解在職培訓的方法與內容

☆瞭解在職培訓四步培訓法

☆瞭解培訓培訓師TTT課程及培訓師的素質要求

‖ 員工培訓技能水準測試

下面關於員工培訓技能的測試問題,用於測試您的員工培訓技能水準。選擇「知道」為1分,選擇「不知道」為0分。得分高,說明您對員工培訓技能理解深刻,有可能在工作中加以運用;得分低,說明您有學習潛力,學到新知識,將來會在工作中加以運用。

知道	不知道	測試問題
☐	☐	1.我知道員工入職培訓的必要性是什麼
☐	☐	2.我知道員工入職培訓有哪些內容
☐	☐	3.我知道酒店級入職培訓有哪些內容
☐	☐	4.我知道部門級入職培訓有哪些內容
☐	☐	5.我知道什麼是培訓的三大內容
☐	☐	6.我知道培訓是如何分類的
☐	☐	7.我知道員工什麼時間需要培訓
☐	☐	8.我知道培訓對員工及經理的工作有何幫助
☐	☐	9.我知道為什麼說培訓是投資
☐	☐	10.我知道在職培訓的工具是什麼
☐	☐	11.我知道何時使用集體與一對一培訓
☐	☐	12.我知道如何確定員工工作職位
☐	☐	13.我知道如何確定員工工作任務
☐	☐	14.我知道如何使用員工工作流程與工作細則進行培訓
☐	☐	15.我知道如何運用四步培訓法進行員工在職培訓
☐	☐	16.我知道如何準備培訓與實施培訓
☐	☐	17.我知道如何指導學員練習並對培訓進行評估
☐	☐	18.我知道什麼是培訓培訓師TTT課程
☐	☐	19.我知道在職培訓師的素質要求是什麼
☐	☐	20.我知道培訓師為什麼用四步培訓法對員工進行在職培訓

合計得分：

‖ 入職培訓

經過招聘與面試，應聘者最終被聘用，到人力資源部辦理入職手續後成為酒店新員工。新員工進入酒店首先要參加入職培訓。

入職培訓，是向新員工介紹酒店及其工作任務的過程。入職培訓的目的，就是向員工傳達相關資訊，讓員工對酒店及其工作有一個良好的第一印象。入職培訓，也是企業對新員工進行同化的過程。

透過入職培訓可以消除新員工緊張情緒，使新員工盡快接受本酒店的企業文

化，盡快成為本酒店團隊的一員。表9-1列出了入職培訓的益處、分類、方法與內容及其說明。

表9-1 入職培訓的益處、分類、方法與內容及其說明

入職培訓	說　明
入職培訓益處	◆ 降低員工流動率 ◆ 幫助新員工了解未來工作情況 ◆ 提高新員工士氣，調動新員工積極性 ◆ 介紹酒店使命和文化理念，增強員工責任感 ◆ 表明酒店對新員工的期望 ◆ 說明員工個人工作如何與酒店使命相融合 ◆ 幫助新員工緩解緊張情緒
入職培訓分類	◆ 酒店級入職培訓 ◆ 部門級入職培訓
入職培訓方法	◆ 集體培訓，通常是一個月進行一到兩次，把新員工集中起來培訓 ◆ 一對一培訓，由專人對新員工進行培訓 ◆ 自我培訓，將資料發給新員工由新員工進行自我培訓 ◆ 線上入職培訓，通過企業網站進行入職培訓 ◆ 職業指導，為新員工指派一名職業導師 ◆ 入職培訓後續跟蹤，入職培訓結束的培訓 ◆ 入職再培訓，對在職員工重新進行入職培訓

續表

入職培訓	說　明
入職培訓內容	◆ 關於酒店的基礎知識 ◆ 對本酒店介紹 ◆ 儀容儀表 ◆ 禮儀禮貌、電話禮儀 ◆ 員工與酒店的勞動關係 ◆ 員工手冊 ◆ 消防知識 ◆ 急救知識 ◆ 酒店英語 ◆ 參觀酒店 ◆ 技能培訓 ◆ 服務意識與態度養成培訓

您還記得第一次參加酒店入職培訓的情景嗎？請舉例說明。

◆ _____

◆ _____

酒店級入職培訓

酒店級入職培訓，通常由人力資源部或培訓部主持。酒店級員工入職培訓時間通常為2～5天。表9-2列出了酒店級入職培訓的內容及其說明。

表9-2 酒店級入職培訓的內容及其說明

酒店級入職培訓內容	說　明
酒店基礎知識	◆ 酒店的定義、分類、組織機構 ◆ 酒店的賓客、產品、中國酒店星評標準 ◆ 安全工作、失物招領、緊急情況
本酒店介紹	◆ 酒店經理或部門經理致歡迎辭 ◆ 酒店歷史文化、酒店任務使命、目標 ◆ 酒店基本訊息、酒店組織機構
優質對客服務	◆ 賓客關係、賓客價值 ◆ 如何為賓客提供超出其期望值的服務 ◆ 使賓客成為回頭客

酒店級入職培訓內容	說　明
儀容儀表	◆ 著裝要求(工作服、員工名牌、首飾及飾物、頭髮、個人衛生) ◆ 儀態(站姿、服務站姿、坐姿、走姿、蹲姿、手勢、指路) ◆ 介紹、握手、鼓掌
禮儀禮貌	◆ 問候禮、稱呼禮、應答禮、迎送禮、操作禮、握手禮、鞠躬禮、注目禮、致意禮
電話禮儀	◆ 始終保持微笑。咬字清楚，避免使用方言、專業術語等；電話鈴響三聲之內接起電話 ◆ 問候「早 安 」「Good Morning」等 ◆ 報出酒店名稱、部門名稱及自己的姓名 ◆ 結束時說「謝謝您的來電」，並讓對方先掛電話
員工手冊	◆ 酒店簡介 ◆ 勞動條例 ◆ 員工福利 ◆ 員工守則 ◆ 獎懲條例 ◆ 填寫相關人事表格
消防、急救知識	◆ 消防知識、滅火的基本方法、消防設施、滅火器使用 ◆ 防火制度、出現火情時 ◆ 急救知識
酒店英語	◆ 酒店常用英語 ◆ 酒店專業英語
參觀酒店	◆ 酒店大廳、商場、前台、禮賓台、商務中心 ◆ 酒店各餐廳、多功能廳、會議室、游泳池、健身房 ◆ 行政樓層、標準客房、豪華客房、總統套間 ◆ 其他服務設施等

您參加入職培訓時都接受了哪些內容的培訓？請舉例說明。
◆ _____
◆ _____

部門級入職培訓

員工參加酒店級入職培訓後，回到各自部門參加由各部門組織的部門級入職培

訓。部門級入職培訓通常在實際工作中進行，瞭解工作職責及工作環境，包括工作說明書中所列出的工作職責、工作設備、工作環境。表9-3列出了部門級入職培訓的內容及其說明。

表9-3 部門級入職培訓的內容及其說明

酒店級入職培訓內容	說　明
部門經理及同事歡迎新員工	◆ 經理或主管向新員工做自我介紹 ◆ 向新員工介紹同事，並參觀工作場所
向新員工介紹	◆ 員工手冊(工作、規章制度、休息、福利) ◆ 部門組織機構圖 ◆ 向員工發放工作說明書 ◆ 向員工發放工作任務清單與工作細則 ◆ 討論員工培訓問題，提供培訓資料 ◆ 發放員工工作考評表 ◆ 討論職業發展機會 ◆ 將員工交給新員工的培訓師──領班員工
其他	◆ 與新員工共進午餐 ◆ 組織部門歡迎新員工，向老員工介紹新員工 ◆ 創造一個老員工接納新員工、讓新員工更快融入的工作環境

在您的酒店，部門級入職培訓是如何進行的？請舉例說明。

◆ ＿＿＿＿＿＿＿＿＿＿＿＿＿＿＿＿＿＿＿＿＿＿＿＿＿＿＿＿

◆ ＿＿＿＿＿＿＿＿＿＿＿＿＿＿＿＿＿＿＿＿＿＿＿＿＿＿＿＿

‖ 培訓

酒店業培訓，是使員工的知識、技能和工作態度達到預期要求的過程。酒店企業的員工培訓，通常包括：

◆ 知識

◆ 技能

◆ 工作態度

知識是對事物的基本認識和理論的抽象化，技能是解決具體問題的技術和技巧，工作態度則是待人處世的精神風貌。

培訓分類

酒店培訓，從大的方面來看可以分為在職培訓與職外培訓，即培訓是否在工作崗位與工作場地進行。表9-4列出了酒店業培訓的分類及其說明。

表9-4 酒店業培訓的分類及其說明

酒店業培訓分類	說　明
在職培訓	◆ 酒店業培訓師或經理在工作場所，通過實際工作，將技能直接傳授給員工 ◆ 把培訓與員工的工作直接聯繫起來 ◆ 將具體工作知識和技能在工作中傳授給員工 ◆ 根據員工的具體情況靈活地調整培訓計畫 ◆ 經理可及時監督工作、糾正小毛病 ◆ 員工在學中做，做中學，現學現用 ◆ 員工一邊學習一邊工作，有產出
職外培訓	◆ 在酒店工作場所之外的培訓教室對員工進行培訓 ◆ 參加員工人數較多 ◆ 多為與知識或工作態度有關的培訓

您參加過的印象最深的在職培訓與職外培訓是什麼樣的？請舉例說明。

◆ _____

◆ _____

何時需要培訓

新酒店開業前要進行培訓，以統一新招員工的對客服務理念，形成並接受企業文化理念。新員工進店要進行培訓，要接受入職培訓與在職培訓。在已運營的酒店，老員工也需要培訓。在培訓資源有限的條件下，什麼時間最需要培訓？表9-5列出了出現類似問題時應該對員工進行培訓。

表9-5 出現下列工作問題時需要進行員工培訓

- ◆ 員工流動率高時
- ◆ 錯誤頻頻發生、產品不合格率高時
- ◆ 材料經常報廢時
- ◆ 生產成本增高時
- ◆ 賓客投訴率高時
- ◆ 意外事故經常發生時
- ◆ 工作程序有所變動時
- ◆ 員工服務態度下降時
- ◆ 更新或安裝機器、新設備時
- ◆ 使用新程序、新政策時

您認為出現什麼樣的問題時需要對員工進行培訓？請舉例說明。

- ◆ _____
- ◆ _____

培訓益處

酒店業的經理們越來越認識到員工和培訓的重要性。員工是幫助酒店經理成功的要素，培訓是讓員工成長起來的管道。培訓有益於員工、酒店經理的工作，也有益於賓客和酒店企業的發展。表9-6列出了培訓對酒店員工、酒店經理、賓客及企業的益處。

表9-6 培訓對酒店員工、酒店經理、賓客及酒店企業的益處

培訓的益處	說　明
對員工的益處	◆ 幫助員工更有效地工作 ◆ 增強自信心 ◆ 減少緊張與壓力 ◆ 提高士氣 ◆ 提高員工對企業的滿意度 ◆ 提高勞動生產率 ◆ 避免不培訓被淘汰的情況 ◆ 增強未來求職競爭力，增強學習競爭力

培訓的益處	說　明
對酒店經理的益處	◆ 經過培訓的員工不需要太多的管理 ◆ 經過培訓的員工能獨立工作 ◆ 經過培訓的員工能及時發現問題、處理問題、將問題消滅在萌芽階段 ◆ 員工流動率低 ◆ 團隊建設加強 ◆ 酒店經理更加受尊敬，領導工作更加得心應手
對酒店賓客的益處	◆ 享受優質的產品 ◆ 享受優質的服務 ◆ 物有所值 ◆ 愉快的經歷 ◆ 增加對本企業、品牌忠誠度 ◆ 增加對企業和品牌的信任度
對酒店企業的益處	◆ 提高員工整體素質，提高勞動生產率 ◆ 減少成本 ◆ 良好的社會形象 ◆ 員工的穩定性 ◆ 吸引潛在員工與賓客 ◆ 提升企業競爭力 ◆ 收到培訓投資的回報
您認為培訓還有哪些益處？請舉例說明。 ◆ ＿＿＿＿＿＿＿＿＿＿＿＿＿＿＿＿＿＿＿＿＿＿＿＿＿＿＿＿＿＿＿＿ ◆ ＿＿＿＿＿＿＿＿＿＿＿＿＿＿＿＿＿＿＿＿＿＿＿＿＿＿＿＿＿＿＿＿	

培訓是投資

　　當今酒店業員工工作價值觀與理念，發生了很大變化。酒店不再為員工提供終身職業或終身勞動保障，員工接受現實，要求酒店提供培訓和職業發展的機會。所以，酒店員工把學習教育與培訓發展的機會看得很重。表9-7列出了為什麼要投資培訓以及培訓投資回報的方式及其說明。

表9-7 為什麼要投資培訓以及培訓投資回報的方式及其說明

培訓的投資	說　明
投資培訓	◆ 無論酒店企業是否對員工進行培訓，都在為「員工培訓」付出代價 ◆ 員工經過培訓，為賓客提供優質服務，為酒店帶來回頭客，酒店收到培訓投資回報 ◆ 不進行員工培訓，賓客不滿，付出的是員工與賓客流失的代價
投資回報的方式	◆ 酒店社會形象好 ◆ 員工工作業績提高 ◆ 收入與利潤提高 ◆ 員工勞動生產率提高 ◆ 賓客滿意度高 ◆ 員工缺勤率低 ◆ 員工流動率低 ◆ 招聘成本低

您在工作中享受過培訓的投資回報嗎？請舉例說明。

◆ _____

◆ _____

在職培訓

　　酒店業在職培訓，是指酒店經理或資深員工在工作場所，透過實際工作，將技能直接傳授給新員工的過程，通常在員工正式上崗之前或工作之中進行。

　　酒店由員工工作崗位構成，酒店規模越大，員工崗位設置越多。員工工作崗位由一定數量和品質要求的工作任務構成。員工工作任務的數量構成員工工作任務清單。員工工作任務品質構成了工作流程、工作規範與工作標準，也叫工作細則。表9-8列出了在職培訓的內容及其說明。

表9-8 在職培訓的內容及其說明

在職培訓的內容	說　明
確定員工工作職位	◆ 每位員工所從事的工作由其工作職位確定 ◆ 確定員工工作職位即確定員工的工作任務
確定員工工作任務	◆ 每個職位的員工工作任務有數量與品質要求 ◆ 工作任務清單列出了員工要完成的工作任務數量

續表

在職培訓的內容	說　明
確定員工工作流程	◆ 工作流程確定了員工要完成工作的品質要求 ◆ 工作流程確定了員工工作的標準
確定員工工作細則	◆ 工作流程以及工作標準也叫工作細則 ◆ 按照工作細則要求進行培訓可達到酒店工作的標準要求
確定在職培訓的形式	◆ 在職培訓有集體培訓與一對一培訓 ◆ 也有職前培訓與在職培訓之分

您在工作中是如何進行在職培訓的？請舉例說明。

◆ _____

◆ _____

在職培訓的形式

　　酒店業產品與服務的生產與交付同時進行，員工能夠獨立工作之前必須接受產品知識與服務技能的培訓。表9-9列出了在職培訓的形式及其說明。

表9-9 在職培訓的形式及其說明

在職培訓的形式	說　明
集體培訓	◆ 2名以上的員工同時進行相同內容的培訓 ◆ 有益於培養團隊精神 ◆ 對擔當培訓師的經理要求較高 ◆ 受到場地與設備等條件限制
一對一培訓	◆ 一位培訓師對一位員工，有時也稱爲跟班培訓 ◆ 跟班學員透過觀察領班員工的工作而學習 ◆ 領班員工通常由資深員工擔任，也稱師傅 ◆ 成本低，邊工作邊培訓 ◆ 領班員工也會將不良表現傳給新員工 ◆ 對領班員工要求高，要謹慎挑選人選 ◆ 要注重工作流程與工作細則的要求

續表

您在工作中用得多的是哪種在職培訓形式？請舉例說明。

◆ _____

◆ _____

確定工作崗位

　　員工工作崗位的設置，取決於酒店的規模與服務品質要求。崗位設置越細，酒店內部分工越細，服務越周到，人工成本也越高。員工崗位培訓也稱技能培訓，是針對不同員工工作崗位進行的。表9-10列出了酒店主要部門的主要一線崗位。

表9-10 酒店主要部門的主要一線崗位

酒店主要部門	主要一線職位
客務部	◆ 櫃臺接待員 ◆ 行李員 ◆ 預訂員 ◆ 接線生 ◆ 商務中心文員
客房部	◆ 客房服務員 ◆ 客房清掃員 ◆ 客服文員 ◆ 公共區域服務員
餐飲部	◆ 中西餐服務員 ◆ 廚房管事人員 ◆ 傳菜人員 ◆ 迎賓員 ◆ 房內用膳送餐員 ◆ 收銀員
在您工作的酒店還有哪些主要部門與一線職位？請舉例說明。 ◆ _____ ◆ _____	

確定工作任務

把員工要完成的各項工作任務按照邏輯順序加以排列，就是員工工作任務清單。新員工在職培訓以工作任務清單為準，要對所有工作任務逐項進行培訓，或優先對重要工作任務進行重點培訓。表9-11列出了客務部接待員工作任務清單樣本。

表9-11 客務部接待員工作任務清單樣本

前台接待員工作任務	工作任務清單
使用前台設備	1.使用前台電腦系統 2.使用前台印表機 3.使用前台電話系統 4.使用前台日誌 5. ……
接待抵店賓客	1.在登記時確立付款方式 2.有預訂賓客的接待 3.無預訂賓客的接待 4.團隊的接待 5.貴賓VIP的接待 6.超出預訂賓客的接待 7. ……
為賓客辦理離店手續	1.散客退房離店 2.快速退房離店 3.前台快速退房離店 4.延遲退房離店 5. ……

工作流程

在員工工作任務清單上的每一項工作任務，都有其完成的先後順序，即工作流程。工作流程是員工的工作規範與標準，但工作流程只是規定了工作的先後順序。工作步驟的要求以及操作標準，就是培訓的標準是工作細則。圖9-1列出了「櫃臺接待員工作任務清單樣本」中的「第7條：有預訂賓客的接待」的工作流程。

有預訂賓客的接待

⬇

確認預訂

⬇

登記、檢驗證件

⬇

確認付款方式、支付預付款

⬇

交房卡，送賓客進客房

⬇

輸入訊息資料存檔

—— 新博亞酒店培訓提供

圖9-1 有預訂賓客的接待工作流程

工作細則

　　在員工工作任務清單上的每一項工作任務的工作程序、工作步驟、工作標準及說明構成了員工工作細則。工作細則是員工在職培訓的標準與工具。工作任務清單和工作細則使員工在職培訓有章可循。表9-12列出了有預訂賓客的接待工作細則。

表9-12 有預訂賓客的接待工作細則

操作程序	操作步驟	標準及說明
確認預訂	1.問候賓客,禮貌詢問是否有預訂 2.詢問賓客姓名,找出預訂單 3.複述賓客的預訂房型、數量、離店時間 4.與賓客核實有無變更	面帶微笑 「早上好!請問有預訂嗎?」 「請問,您預訂的姓名是?」
登記驗證	1.請賓客出示有效證件 2.仔細檢驗賓客證件 　證件照片和賓客本人是否相符 　證件印章、證件期限是否有效 　夫妻關係,是否有婚姻證明(雙方均是境地外人員除外) 　辨別證件真偽 3.請賓客填寫「入住登記表」 4.在賓客填寫登記表時,在電腦中選出賓客要求的房型,並將房號在《房間狀況表》上標明OC,表明該房售出 5.準備好房間鑰匙,查看是否有為賓客代收的留言和郵件並轉交賓客 6.審核賓客是否已按登記表上的列項填寫清楚、完整 7.向賓客介紹所分配房間情況、房價、酒店設施及酒店的有關規定	有效證件為: ◆ 身份證 ◆ 護照 ◆ 軍官證
確認付款方式及預付款	1.詢問付款方式,並予以確認 2.在登記表上寫清房價、結帳方式並簽上自己的姓名 3.如需賓客交預付款,根據酒店信用規定繳付作為其他消費的押金	預付款在賓客退房時餘額給予退還
交付房卡,送賓客進房間	1.將房卡交給賓客並詢問賓客有何其他要求 2.將鑰匙交給行李員,請其引領賓客到房間 3.祝賓客入住愉快	雙手遞交房卡到賓客手上

操作程序	操作步驟	標準及說明
資料存檔	1.按照登記表上填寫的內容，準確地將訊息輸入電腦 2.將登記表上聯放在指定位置以便於報戶口使用 3.將登記表的其餘兩聯與賓客的原始預訂資料裝訂在一起交前台收銀簽收	賓客資料是客史檔案的重要組成部分；如賓客有特別要求，在下次入住時即可提前得到照顧

在您工作的酒店預訂賓客的接待程序一樣嗎？請舉例說明。

◆ _____

◆ _____

四步培訓法

瞭解了員工工作崗位、工作任務清單、工作流程以及工作細則之後，就可以進行有效的員工在職培訓。新員工需要在職培訓，未達標的老員工及資深員工也需要在職培訓。在職培訓中，四步培訓法始終被看做是最有效、使用最廣泛的酒店一線員工技能培訓方法。四步培訓法，既適用於集體培訓也適用於一對一培訓。表9-13列出了四步培訓法的步驟及其說明。

表9-13 四步培訓法的步驟及其說明

四步培訓法步驟	說　明
準備培訓	◆ 分析培訓任務 ◆ 制定培訓目的 ◆ 制定培訓內容 ◆ 制定培訓方法 ◆ 準備培訓資料與設施 ◆ 制定課時計畫
實施培訓	◆ 準備學員 ◆ 開場 ◆ 授課 ◆ 結尾

續表

四步培訓法步驟	說　明
學員練習	◆ 指導學員 ◆ 表揚學員
培訓評估	◆ 評估課程與培訓師 ◆ 評估學員進步 ◆ 持續的積極支持 ◆ 獲得學員回饋

您在工作中使用四步培訓法培訓員工嗎？請舉例說明。

◆ _____

◆ _____

第一步：準備培訓

在職培訓與任何培訓一樣要有所準備，有準備的培訓，才會是成功的培訓。表9-14列出了準備培訓的步驟及其說明。

表9-14 準備培訓的步驟及其說明

準備培訓的步驟	說　明
分析培訓任務	◆ 為什麼要培訓 ◆ 誰參加培訓 ◆ 培訓什麼 ◆ 什麼時間培訓 ◆ 在哪裡培訓 ◆ 怎樣進行培訓
確定培訓目的	◆ 對預期水平的說明 ◆ 對預期水平的行為說明 ◆ 對預期水平的標準說明
確定培訓內容	◆ 確定課程培訓內容（每個職位） ◆ 確定課時培訓內容（每一次培訓）

續表

準備培訓的步驟	說　明
選擇培訓方法	◆ 講授法、案例分析 ◆ 角色扮演、結構練習 ◆ 分組討論、示範操作、遊戲
準備培訓資料與設施	◆ 影音資料、幻燈片、講義、PPT電子演示 ◆ 白板、翻頁板、教鞭、投影儀、培訓教室
制訂課時計畫	◆歐派克模式OPEC：開場Open、授課Presntation、練習Exercise、結尾Close

您在員工在職培訓中是如何準備培訓的？請舉例說明。

◆ _____

◆ _____

第二步：實施培訓

一旦培訓師和學員做好培訓準備，在職培訓就可以開始了。表9-15列出了實施培訓階段的步驟及其說明。

表9-15 實施培訓階段的步驟及其說明

實施培訓的步驟	說　明
準備學員	◆ 激勵學員主動學習，讓學員了解其工作如何影響全局、如何重要 ◆ 讓學員了解培訓的益處，例如，有助於他們把工作做得更快、更好
開場	◆ 準時開始 ◆ 說明培訓目的 ◆ 解釋所要教授的每個步驟並說明其重要性 ◆ 讓學員了解操作標準，了解該標準將用於員工今後的工作考評之中 ◆ 保證培訓是始終一貫性的、標準化的、對每個人和每個班都是一樣的

續表

實施培訓的步驟	說　明
授課	◆ 講解培訓內容 ◆ 示範操作技能，邊解釋操作步驟邊示範操作，解釋的步驟要與實際操作的順序一致，鼓勵學員隨時提問 ◆ 重複重點，鼓勵培訓師將所有步驟至少重複兩次，讓員工完全理解操作過程 ◆ 使用培訓的技巧 ◆ 讓學員融入培訓過程：觀察，聆聽、提問 ◆ 應對課上特殊情況：來自培訓師、學員的特殊情況，鼓勵學員對培訓的參與
結尾	◆ 用總結要點結束培訓 ◆ 用小故事或小遊戲結尾

您在培訓工作中是如何實施培訓的？請舉例說明。

◆ _____

◆ _____

第三步：學員練習

在培訓中，當學員感到可以獨立操作時，培訓師要允許學員獨自練習。這就是四步培訓法的學員練習，培訓師對學員進行指導和教練。學員練習階段也稱為角色互換階段，要求學員操作給培訓師看。表9-16列出了學員練習的步驟及其說明。

表9-16 學員練習的步驟及其說明

學員練習的步驟	說　明
指導學員	◆ 要求學員邊練習邊解釋說明 ◆ 可以在實際工作中練習，也可以利用活動、角色扮演或示範操作等進行練習 ◆ 不要代替學員操作或打斷他們的練習，除非學員出現傷害到自己或他人的危險情況
表揚學員	◆ 操作正確的學員，培訓師要及時表揚 ◆ 錯的要委婉糾正 ◆ 確信學員完全掌握了，再進入下一個培訓內容

續表

您在員工培訓中是如何指導學員練習的？請舉例說明。

◆ ＿＿＿＿＿＿＿＿＿＿＿＿＿＿＿＿＿＿＿＿＿＿＿＿＿＿＿＿＿＿＿＿＿＿＿＿＿

◆ ＿＿＿＿＿＿＿＿＿＿＿＿＿＿＿＿＿＿＿＿＿＿＿＿＿＿＿＿＿＿＿＿＿＿＿＿＿

第四步：培訓評估

　　培訓評估，可以作為培訓課程的一部分與培訓課程同時進行，也可以稍後進行。學員培訓後回到工作崗位完成所培訓的工作任務並提高工作速度和準確度，這時評估效果不錯。培訓評估可以是正式的學習和課程效果評估，也可以是非正式的觀察。表9-17列出了培訓評估的步驟及其說明。

表9-17 培訓評估的步驟及其說明

培訓評估的步驟	說　明
評估課程與培訓師	◆ 評估課程是否達到培訓目的 ◆ 評估培訓師的培訓技能
評估學員的進步	◆ 評估學員是否達到培訓目的 ◆ 如果學員沒學會或沒有學以致用，要提供進一步的培訓與練習 ◆ 評估可以在培訓後立即進行 ◆ 有些培訓評估可間隔30天、60天或90天之後進行
持續的積極支持	◆ 培訓後要讓學員知道他們何時表現出色，以及做得對的地方 ◆ 員工需要知道有人在注意他們的表現是否出色
獲得學員反饋	◆ 讓學員對所接受培訓進行評估，可以幫助他們提高 ◆ 幫助提高培訓效果

您在工作中是如何進行培訓評估的？請舉例說明。

◆ _____

◆ _____

四步培訓法案例

讓我們仍然以新博亞酒店西餐廳經理羅杰的「為賓客點菜」培訓為例，看四步培訓法的實施案例。表9-18列出了羅杰用四步培訓法培訓員工為賓客點菜。

表9-18 用四步培訓法培訓員工「為賓客點菜」案例

步　驟	內　容	舉　例
第一步： 準備培訓	◆ 分析培訓任務 ◆ 確定培訓目的 ◆ 確定培訓內容 ◆ 選擇培訓方法 ◆ 準備培訓資料與設施 ◆ 制訂課時計畫	◆ 西餐廳服務員/迎賓員培訓三次「為賓客點菜」 ◆ 正確為賓客點菜 ◆ 準備/點菜/推薦/酒水/點菜單 ◆ 授課式/角色扮演/分組討論/示範操作/案例分析/遊戲 ◆ 為賓客點菜工作細則 ◆ 歐派克課時計畫
第二步： 實施培訓	◆ 準備學員 ◆ 開場引人入勝 ◆ 授課演講 ◆ 學員融入培訓 ◆ 應對課上特殊情況 ◆ 結尾耐人回味	◆ 用培訓目的和小故事 ◆ 講，演 ◆ 觀察/聆聽/提問 ◆ 來自培訓師/學員/其他特殊情況 ◆ 培訓遊戲結尾
第三步： 學員練習	◆ 學員操作演練 ◆ 指導學員 ◆ 表揚學員 ◆ 糾正錯誤	◆ 用角色扮演進行練習 ◆ 隨時加以指導 ◆ 表揚學員 ◆ 指出不足
第四步： 培訓評估	◆ 評估課程與培訓師 ◆ 評估學員進步 ◆ 持續積極支持 ◆ 獲得學員反饋	◆ 課程結束時對課程和培訓師進行評估 ◆ 每節課對學員進行評估 ◆ 課後工作中鼓勵學員學以致用 ◆ 學員的評價

四步培訓法練習

　　根據表9-18的案例做四步培訓法的練習。優秀培訓師是練而不是學出來的，要在工作中多多練習。表9-19用表格的形式提供了四步培訓法的練習。

表9-19 關於四步培訓法練習

步　驟	內　容	練　習
第一步： 準備培訓	◆ 分析培訓任務 ◆ 確定培訓目的 ◆ 確定培訓內容 ◆ 選擇培訓方法 ◆ 準備培訓資料與設施 ◆ 制訂課時計畫	◆ ＿＿＿＿＿＿ ◆ ＿＿＿＿＿＿ ◆ ＿＿＿＿＿＿ ◆ ＿＿＿＿＿＿ ◆ ＿＿＿＿＿＿ ◆ ＿＿＿＿＿＿
第二步： 實施培訓	◆ 準備學員 ◆ 開場引人入勝 ◆ 授課示範操作 ◆ 學員融入培訓 ◆ 應對課上特殊情況 ◆ 結尾耐人回味	◆ ＿＿＿＿＿＿ ◆ ＿＿＿＿＿＿ ◆ ＿＿＿＿＿＿ ◆ ＿＿＿＿＿＿ ◆ ＿＿＿＿＿＿ ◆ ＿＿＿＿＿＿
第三步： 學員練習	◆ 學員操作演練 ◆ 指導學員 ◆ 表揚學員 ◆ 糾正錯誤	◆ ＿＿＿＿＿＿ ◆ ＿＿＿＿＿＿ ◆ ＿＿＿＿＿＿ ◆ ＿＿＿＿＿＿
第四步： 培訓評估	◆ 評估課程與培訓師 ◆ 評估學員進步 ◆ 持續積極支持 ◆ 獲得學員反饋	◆ ＿＿＿＿＿＿ ◆ ＿＿＿＿＿＿ ◆ ＿＿＿＿＿＿ ◆ ＿＿＿＿＿＿

培訓培訓師TTT課程

　　酒店業居高不下的員工流動率使酒店一線員工在職培訓成為一項長期的、持續不斷的工作。事實上，很少有酒店配備專業培訓師對新員工進行在職培訓。新員工的技能培訓多由經理、主管、領班或是資深員工進行。他們也被稱作新員工的「帶班師傅」或「技能培訓師」。

　　「培訓培訓師TTT課程」針對這些「帶班師傅」與「技能培訓師」，教授如何有效地把技能教授給員工，如何按照酒店的工作標準，盡快讓新員工擔當起工作職責的技能。表9-20列出了培訓培訓師TTT課程的內容及其說明。

表9-20 培訓培訓師TTT課程的內容及其說明

培訓培訓師TTT課程	說　明
培訓理論	◆ 了解成年人學習的特點及在培訓中的應用 ◆ 溝通的要素及在培訓中的應用 ◆ 人們的學習模式及在培訓中的應用
準備培訓	◆ 培訓任務分析 ◆ 確定培訓目的 ◆ 確定培訓內容 ◆ 選擇培訓方法 ◆ 確定培訓資料與培訓設施 ◆ 制訂課程計畫
實施培訓	◆ 開場與結尾 ◆ 授課 ◆ 讓學員融入培訓過程 ◆ 應對課上特殊情況
學員練習	◆ 四步培訓法 ◆ TTT實踐課
培訓評估	◆ 在職培訓評估 ◆ TTT課程評估

您參加過培訓培訓師TTT課程嗎？對您的培訓有幫助嗎？請舉例說明。

◆ _____

◆ _____

培訓師的素質要求

為新員工挑選「帶班師傅」或「技能培訓師」，參加「培訓培訓師TTT課程」，通常候選人是本部門或本崗位具有高超專業技能的經理及資深員工。表9-21列出了酒店培訓師應具備的素質要求。

表9-21 酒店培訓師應具備的素質要求

- ◆ 了解本酒店的企業文化內涵，能夠讓新員工盡快融入新團隊之中
- ◆ 熱愛本職工作，樂於助人，受到同事及其他員工的敬重
- ◆ 熟知本職位的工作任務、工作細則以及工作標準與規範並能嚴格遵守
- ◆ 嚴以律己，追求個人事業的發展與進步
- ◆ 熱情向上，喜歡與人打交道
- ◆ 喜歡培訓他人，喜歡與人交流自己的成功或失敗的經驗
- ◆ 擁有良好的溝通技能，較好的語言表達能力
- ◆ 具有靈活性，表現出一貫的積極態度
- ◆ 具有決策與解決日常問題的能力
- ◆ 自信、熱情大方
- ◆ 能夠鼓勵學員思考如何學以致用
- ◆ 平易近人，性格開放，用言行鼓勵提問
- ◆ 激勵學員找出完成工作任務的更好辦法
- ◆ 認可與表揚學員哪怕是最微小的成績
- ◆ 鼓勵支持學員
- ◆ 有幽默感並將其運用到培訓之中
- ◆ 願意花時間學習不斷提高自己的培訓水平

您認為酒店培訓師還應該具備哪些素質？請舉例說明。

- ◆ _____
- ◆ _____

‖ 員工培訓技能達標測試

　　下面關於員工培訓技能的測試問題用於測試您的員工培訓技能水準。在「現在」一欄做一遍，分別在兩週、四週後再做一遍這些測試題，看看自己的員工培訓技能是否有進步。提高自己的員工培訓技能，您一定能夠成為一名有培訓技能，讓員工成長起來的酒店經理！

現在	兩週後	四週後	測試問題
□	□	□	1.我知道員工入職培訓的必要性是什麼
□	□	□	2.我知道員工入職培訓有哪些內容
□	□	□	3.我知道酒店級入職培訓有哪些內容
□	□	□	4.我知道部門級入職培訓有哪些內容
□	□	□	5.我知道什麼是培訓的三大內容
□	□	□	6.我知道培訓是如何分類的
□	□	□	7.我知道員工什麼時間需要培訓
□	□	□	8.我知道培訓對員工及酒店經理的工作有何幫助
□	□	□	9.我知道為什麼說培訓是投資
□	□	□	10.我知道在職培訓的工具是什麼
□	□	□	11.我知道何時使用集體與一對一培訓
□	□	□	12.我知道如何確定員工工作職位
□	□	□	13.我知道如何確定員工工作任務
□	□	□	14.我知道如何使用員工工作流程與工作細則進行培訓
□	□	□	15.我知道如何運用四步培訓法進行員工在職培訓
□	□	□	16.我知道如何準備培訓與實施培訓
□	□	□	17.我知道如何指導學員練習並對培訓進行評估
□	□	□	18.我知道什麼是培訓培訓師TTT課程
□	□	□	19.我知道在職培訓師的素質要求是什麼
□	□	□	20.我知道培訓師為什麼用四步培訓法對員工進行在職培訓

合計得分：

第十章 激勵——讓員工跑起來

本章概要

激勵技能水準測試

為什麼要激勵

為什麼要激勵

確定激勵問題

激勵理論

恐嚇激勵

胡蘿蔔加棍子激勵

金錢激勵

以人為本激勵

需求激勵

目標激勵

激勵因素激勵

行為激勵

運用激勵理論要考慮的因素激勵實踐

瞭解員工

員工安全需求

員工社交需求

員工尊重需求

獎勵員工

創造良好的工作環境

酒店經理以身作則

激勵技能達標測試

培訓目的

學習本章「激勵——讓員工跑起來」之後，您將能夠：

☆瞭解相關的激勵理論及其在工作中的應用情況

☆瞭解在激勵實踐中如何瞭解員工

☆瞭解在激勵實踐中如何滿足員工的安全、社交與尊重需求

☆瞭解在激勵實踐中如何獎勵員工

☆瞭解在激勵實踐中如何創造良好的工作環境，讓員工自我激勵

☆瞭解酒店經理如何以身作則，讓員工跑起來

「要學會讚美他人！」

　　西餐廳經理羅杰最近參加了「激勵——讓員工跑起來」的培訓之後，感觸很深。「經理以身作則，員工會效仿經理的行為。」他想為員工創造一個良好的工作氛圍，怎麼做呢？

　　在餐前會上，羅杰要求員工：「要學會讚美他人！」

員工都笑了，七嘴八舌地說：「怎麼讚美呀？」

迎賓員李娜說：「上次我對羅茜太太說，Mrs.Rose，you look fat！羅茜太太那表情，才叫哭笑不得哪，弄得我再也不敢讚美賓客了！」

「好吧，讓我們先從用英語讚美賓客開始吧，大家說說看有哪些讚美賓客的話？」

員工的興致上來了，你一言我一語，羅杰趕緊用白板筆在一張大白紙上做著記錄：

◆ You look great !

◆ You are so beautiful today !

◆ What a handsome boy you are !

◆ What a lovely girl you are !

◆ Your dress is very nice !

◆ I like your hairstyle !

◆ You have a nice personality.

◆ You are very pretty.

◆ You look very healthy.

◆ You sound very intelligent.

◆ You dress is beautiful.

◆ You are a good writer.

◆ I understand you very easily.

◆ I wish my teeth were as nice as yours.

◆ Your fingernails look wonderful.

◆ You look very young！

‖ 激勵技能水準測試

下面關於激勵技能測試問題，用於測試您的激勵技能。選擇「知道」為1分，選擇「不知道」為0分。得分高，說明您對激勵技能理解深刻，有可能在工作中加以運用；得分低，說明您有學習潛力，學到激勵技能，將來會在工作中加以運用。

知道	不知道	測試問題
☐	☐	1.我知道為什麼要激勵員工行動起來
☐	☐	2.我知道激勵與員工表現的關係
☐	☐	3.我知道如何確定激勵問題
☐	☐	4.我知道激勵理論有哪些
☐	☐	5.我知道恐嚇激勵理論的內容及其在工作中的應用
☐	☐	6.我知道胡蘿蔔加棍子激勵理論及其在工作中的應用
☐	☐	7.我知道金錢激勵理論及其在工作中的應用
☐	☐	8.我知道「以人為本」的激勵理論及其在工作中的應用
☐	☐	9.我知道需求層次理論及其在工作中的應用
☐	☐	10.我知道目標激勵理論及其在工作中的應用
☐	☐	11.我知道激勵因素及其在工作中的應用
☐	☐	12.我知道行為激勵理論及其在工作中的應用
☐	☐	13.我知道運用激勵理論要考慮的因素有哪些
☐	☐	14.我知道在激勵員工中如何了解員工
☐	☐	15.我知道如何滿足員工的安全需求
☐	☐	16.我知道如何滿足員工的社交需求
☐	☐	17.我知道如何滿足員工的尊重需求
☐	☐	18.我知道如何獎勵員工
☐	☐	19.我知道如何創造良好的工作環境激勵員工
☐	☐	20.我知道酒店經理如何以身作則以激勵員工

合計得分：

‖ 為什麼要激勵

為什麼要激勵

激勵，是促使人做某事的手段，能夠激發人們採取行動的能量，也是人們某種行為的內在驅動力。

經理應該創造一個讓員工自我激勵的環境，開啟員工自我激勵的大門，激活員工的內在驅動力。

每個經理都想擁有動力足的員工，而對於那些缺乏動力，缺乏自我激勵的員工感到無能為力。表10-1列出了激勵性與員工表現的關係。

表10-1 激勵性與員工表現

員工是否有激勵性	員工的表現
有激勵性	◆ 工作努力，要求上進 ◆ 有較高的勞動生產力
缺乏激勵性	◆ 不求上進，得過且過 ◆ 勞動生產力低，儘管有能力
沒有激勵性	◆ 工作不努力，產品不合格 ◆ 給上司找麻煩 ◆ 對勞動生產力產生消極影響

激勵員工，或者說創造一個讓員工自我激勵的環境，是酒店經理的一項日常工作，是保持與提高員工勞動生產力所必需的工作。

酒店經理要知道如何激勵那些缺乏激勵性的員工以發揮他們的能力和潛力，提高勞動生產力；如何使有激勵性的優秀員工在工作中保持旺盛的精力和較高的積極性，並且不會另謀他職；如何應對那些沒有激勵性而且給上司找麻煩的員工，並克服其對勞動生產力所產生的消極影響。

確定激勵問題

激勵並不能解決所有問題，所以，首先要確定哪些是激勵問題。圖10-1列出了激勵問題。當員工的工作態度和工作知識與技能都上乘時，他們的勞動生產力高，是酒店企業的工作明星，要設法保持他們的激勵性。表10-2列出了確定員工激勵問題的方法。

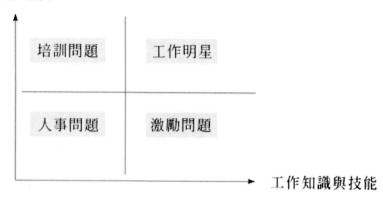

圖10-1 激勵問題

　　當員工擁有良好的工作知識與技能但缺乏良好的工作態度時，需要開啟他們的激勵性。如果員工擁有良好的工作態度但缺乏工作知識與技能，這時培訓是解決問題的最佳途徑。而對於那些工作態度與工作技能都很差的員工，您認為屬於什麼問題？應該如何處理？表10-2列出了確定員工激勵問題的方法。

表10-2 確定員工激勵問題的方法

◆ 員工流動率過高

◆ 員工缺勤率過高

◆ 事故率與意外事故增多

◆ 餐具破損率提高，浪費現象增多

◆ 員工申訴情況增多

◆ 員工間缺乏團隊合作精神

◆ 員工普遍士氣低落，情緒不佳

您認為還有哪些情況的出現表明員工激勵有問題?請舉例說明。

◆ _____

◆ _____

激勵理論

人們在長期的激勵實踐中，總結出很多激勵理論，儘管有些做法可能並沒有被看做是理論。表10-3列出了有關激勵的理論及其在酒店業使用說明。

表10-3 激勵理論及其在酒店業的使用說明

激勵理論	使用說明
恐嚇激勵	◆ 最古老的激勵方式，運用恐嚇激勵員工行動起來 ◆ 高壓統治、威脅、懲罰 ◆ 不受員工歡迎，但被普遍採用
胡蘿蔔加大棒激勵	◆ 把恐嚇與獎勵結合起來 ◆ 獎勵業績好的，懲罰出錯誤的 ◆ 長此以往，激勵功能失效
金錢激勵	◆ 認為金錢是人們工作的唯一目的 ◆ 把工作品質與數量直接與工資掛鉤 ◆ 金錢與勞動生產力並非有直接關係
以人為本激勵	◆ 把員工當作「個人」來看待 ◆ 給員工安全感，讓員工參與 ◆ 員工滿意了，未必勞動生產力提高
需求激勵	◆ 人類是有需求的動物，需求有層次性 ◆ 生理、安全、社交、尊重、自我價值實現需求 ◆ 滿足需求是激勵，說明需求與激勵的多樣性
目標激勵	◆ 需求理論的繼續 ◆ 當工作滿足某種需求時充滿了快樂 ◆ 員工需求可以與企業需求及目標一致
激勵因素激勵	◆ 激勵因素來自於工作本身的成就與成長機會 ◆ 得到認可、擔負責任、取得成就、發展與工作本身 ◆ 激勵員工的辦法在於工作本身
行為激勵	◆ 來自行為學家的理論：一切行為都由其結果所決定 ◆ 強化員工的正確行為 ◆ 強化肯定，以糾正不理想的行為，從而提高生產力

您在工作中是如何使用激勵理論進行員工激勵的？請舉例說明。

◆ _____

◆ _____

恐嚇激勵

恐嚇激勵，是最古老的激勵方式，運用恐嚇刺激員工行動起來。特點是高壓統治、威脅、懲罰。表10-4列出了恐嚇激勵方式的使用理由及客觀評價。

表10-4 恐嚇激勵方式的使用理由及客觀評價

恐嚇激勵方式的使用理由	客觀評價
◆ 古老的傳統方式 ◆ 廣泛地、經常性地被使用 ◆ 見效快 ◆ 能夠表現自己的權威 ◆ 有時不得不採用	◆ 員工業績平平，勞動生產力降低 ◆ 容易引起敵意、憎惡感及報復心理 ◆ 容易引起曠工、怠工、差勤的表現 ◆ 有些員工不能忍受 ◆ 員工流動率高

您在工作中使用恐嚇激勵方式嗎？請舉例說明。

◆ _____

◆ _____

恐嚇激勵方式對那些一直被這種方式對待的員工，即在專制領導藝術管理之下的員工有激勵性，但卻不被現代員工所接受。

恐嚇激勵方式可以作為在別的方法都失敗之後的最後選擇。表10-5列出了酒店經理使用恐嚇激勵方式的一些做法。

表10-5 酒店經理使用恐嚇激勵方式

◆ 「如果你不好好幹活，我就不給你加工資！」
◆ 「這些任務不完成的話，你別想休假！」
◆ 「你想怎麼樣？是不是要我排你上夜班呀！」
◆ 「你還敢跟賓客頂嘴呀，罰款200元，看你還敢不敢再這樣做了!」
◆ 「又遲到了？再給你開黃單，簽字吧!」
◆ 「你被解聘了，到人事部辦手續去吧!」

您成功使用恐嚇激勵方式的經驗是什麼？請舉例說明。

◆ _____

◆ _____

胡蘿蔔加棍子激勵

胡蘿蔔加棍子激勵方式，是把恐嚇與獎勵結合起來，有業績的獎勵，有錯誤的懲罰。胡蘿蔔掛在前面作為許諾的獎賞，棍子從後面擊打員工，作為刺激和懲罰。長期使用胡蘿蔔加棍子的方式，激勵功能會失效。表10-6列出了胡蘿蔔加棍子激勵方式的使用理由及客觀評價。

表10-6 胡蘿蔔加棍子激勵方式的使用理由及客觀評價

使用理由	客觀評價
◆ 有獎有罰 ◆ 獎勵表現好的員工 ◆ 懲罰表現不好的員工 ◆ 表現出經理的權威性	◆ 作為高度控制的方法，需要不斷施加刺激物 ◆ 員工被迫完成工作 ◆ 員工認為有權得到獎勵 ◆ 懲罰還可能產生憎惡與抵觸情緒

您在工作中使用胡蘿蔔加棍子激勵嗎？請舉例說明。

◆ _____

◆ _____

胡蘿蔔加棍子的激勵方式，因其將獎勵與懲罰相結合，曾一度非常流行。但長期使用形成一種體制後，會失去激勵的功能。表10-7列出了酒店經理使用胡蘿蔔加棍子的激勵方式的一些做法。

表10-7 使用胡蘿蔔加棍子的激勵方式

◆「只要做得好，您就一定能增加工資。」 ◆「再遲到一次就要扣您的工資了。」 ◆「這次宴會任務完成後，大家放假一天。」
您覺得在工作中還有哪些胡蘿蔔加棍子的激勵方式？請舉例說明。 ◆ _____ ◆ _____

金錢激勵

金錢激勵方式，把金錢看做是人們工作的唯一目的，通常的做法是把工作品質與數量直接與工資掛鉤。表10-8列出了使用金錢激勵的理由及客觀評價。

表10-8 金錢激勵的理由及客觀評價

金錢激勵的理由	客觀評價
◆ 金錢是人們工作的唯一目的 ◆ 金錢為員工解決衣、食、住、行的費用 ◆ 金錢為員工帶來安全感、社會地位和個人價值感 ◆ 尤其是對第一份工作的人來說，金錢是唯一的刺激物 ◆ 把金錢和工作量直接掛鉤能夠激勵員工提高勞動生產力	◆ 金錢並不能培養員工的忠誠度 ◆ 金錢並不能保證員工的優秀工作表現 ◆ 金錢一旦付出就失去激勵作用 ◆ 金錢與勞動生產力不一定有直接的關係
您在工作中有哪些使用金錢激勵的做法？請舉例說明。 ◆ _____ ◆ _____	

金錢激勵方式是著名「經濟人理論」的產物，來自於美國腓德烈‧溫斯羅‧泰勒發明的科學管理理論。然而人們工作並不單單是為了錢。表10-9列出了經理使用金錢激勵方式的一些做法。

表10-9 使用金錢激勵方式

◆「把員工工資與工作量直接掛鉤，多勞多得。」
◆「實行計件法，多完成一間房的工作工資加3元錢。」
◆「臨時工計價方法，多做一天，多拿一天工錢。」
◆「加班按規定付加班費。」

您在工作中成功使用金錢激勵的經驗是什麼？請舉例說明。

◆ _____

◆ _____

以人為本激勵

以人為本的激勵方式，主張把員工當做「個人」來看待，要給員工安全感，讓員工參與與其利益有關的決策過程。表10-10列出了以人為本激勵方式的使用理由及客觀評價。

表10-10 以人為本激勵方式的使用理由及客觀評價

以人為本激勵方式的使用理由	客觀評價
◆ 員工被當做個人看待，勞動生產力會提高 ◆ 給員工安全感 ◆ 讓員工感到自身的價值 ◆ 員工參與與其利益有關的計畫與決策過程 ◆ 員工以其最佳工作表現回報管理層	◆ 員工高興了，勞動生產力不一定提高 ◆ 沒有找到如何激勵員工去工作的答案

您在工作中成功使用以人為本的激勵方式經驗是什麼？請舉例說明。

◆ _____

◆ _____

以人為本的激勵方式取代金錢激勵方式後，曾經取得了很大的成功。員工工資上調，福利水準大大提高。表10-11列出了酒店經理使用以人為本激勵方式的一些做法。

表10-11 酒店經理使用以人為本激勵方式

- ◆「酒店實行帶薪休假制度!」
- ◆「工資增加要制度化,定期進行!」
- ◆「交納社會保險,包括養老保險、醫療保險、工傷保險、失業保險以及婚育保險!」
- ◆「讓員工參與到與其利益有關的計畫與決策過程中來!」
- ◆「與員工建立一對一關係,幫助員工解決實際困難!」
- ◆「培養員工的主人翁精神!」

這些做法很熟是嗎?您在工作中成功使用過以人為本的激勵方式嗎?請舉例說明。

- ◆ _____
- ◆ _____

需求激勵

需求激勵方式認為人類是有需求的動物,需求有層次性,即生理、安全、社交、尊重、自我價值實現等需求,滿足人的需求過程就是一個激勵過程。圖10-2是美國心理學家馬斯洛的需求層次理論。

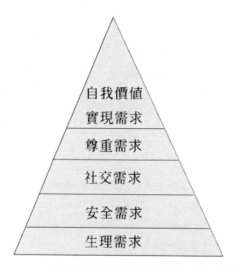

圖10-2 美國心理學家馬斯洛需求層次理論

從圖10-2中可以看出,人的需求從最低的生理需求到最高的自我價值實現的需求,有5個層級。表10-12列出了人的需求層次與激勵的關係。

表10-12 人的需求層次與激勵的關係

需求層次	激　勵
生理需求	◆ 與人們求生有關的最基本的需求 ◆ 包括水和食物、衣物等 ◆ 求生需求滿足後，不再成為激勵要素
安全需求	◆ 與安全有關的需求，包括保護、安全、穩定、秩序 ◆ 免受恐嚇、焦慮等的困擾 ◆ 當安全需求得到滿足後，社交需求成為起作用的激勵要素
社交需求	◆ 社交需求包括與人交往的需求，安全、歸屬的需求 ◆ 結交朋友以及愛與被愛的需求 ◆ 前三項主要需求得到滿足後，尊重需求成為激勵要素
尊重需求	◆ 以尊重為核心的高層次需求 ◆ 自我尊重需求，以及能夠帶來自我尊重的成就 ◆ 來自他人尊重的需求
自我價值實現需求	◆ 需求的頂端 ◆ 是對自我成就的需求 ◆ 對實現個人潛力的需求

續表

您在工作中運用過需求激勵嗎？請舉例說明。

◆ _____

◆ _____

　　人們的需求構成了人類行為的內在驅動力。人們首先要想方設法滿足最低層次的需求，最低層次需求滿足後，人們就有了滿足上一層次需求的願望，這個願望就是進一步的激勵因素。需求和滿足的循環構成了人們的內在驅動力。表10-13列出了從需求激勵中得到的啟發。

表10-13 從需求激勵中得到的啟發

◆「人的需求由低到高，低層次的需求滿足了，高一層次的需求出現了。」

◆「需求與滿足，這一無休止的循環構成了人們的動力來源。」

◆「這一連續不斷的循環說明了為什麼員工的需求隨著情況的改變而改變。」

◆「人們的需求各不相同，起作用的激勵因素也不相同。」

您從需求激勵中還得到了哪些啟發？請舉例說明。

◆ _____

◆ _____

目標激勵

目標激勵理論，建立在需求層次理論的基礎之上，認為人的需求有層次，當工作能夠滿足某種需求時工作也會充滿快樂。員工需求可以與企業需求與目標一致。表10-14列出了目標激勵的主要內容。

表10-14 目標激勵的主要內容

◆ 目標激勵考慮了人們的需求層次

◆ 當工作能夠滿足某種需求時，工作也會快樂

◆ 員工的需求與滿足和公司的需求與目標可以相結合

◆ 員工的高層次需求，只要引導得好，可以與公司需求與目標達成一致

◆ 員工在工作中有成就、成長和自我實現的機會時，會全力以赴

◆ 員工的工作能使自身需求得到滿足時，會更努力、更長久、更出色

續表

您在工作中考慮過使用目標激勵嗎？請舉例說明。

◆ _____

◆ _____

激勵因素激勵

激勵因素激勵理論認為，激勵因素來自於工作本身的成就與成長機會，員工在工作中得到認可、擔負責任、取得成就、得到發展以及工作本身都能激勵員工，激勵員工的方式在於工作本身。表10-15 列出了激勵因素及其作用。

表10-15 激勵因素及其作用

激勵因素	激勵因素的作用
◆ 認可 ◆ 責任 ◆ 成就 ◆ 發展 ◆ 工作本身	◆ 激勵員工的辦法在於工作本身 ◆ 讓員工的工作內容豐富多彩 ◆ 讓員工的工作能夠為其取得成就、得到成長提供機會 ◆ 只有工作能夠激勵員工 ◆ 只有工作能夠激發員工的潛力 ◆ 只有工作能讓員工增長和發揮更大的能力
您在工作中使用過激勵因素激勵員工嗎？請舉例說明。 ◆ _____ ◆ _____	

行為激勵

行為激勵方式，來自行為學家的理論，認為一切行為都由其結果所決定，所以要強化員工的正確行為，並透過強化正確的行為，糾正不理想的行為，從而提高勞動生產力。表10-16列出了行為激勵的使用理由及客觀評價。

表10-16 行為激勵的使用理由及客觀評價

行為激勵方式的使用理由	客觀評價
◆ 一種增進員工工作表現的新方法 ◆ 著眼於行為的改變 ◆ 當員工做了正確的事,給予積極的肯定 ◆ 主動發現員工的良好行為 ◆ 一旦發現員工的良好行為,立即表揚 ◆ 滿足員工對關注與自身價值的需求 ◆ 在實踐中很有成效 ◆ 積極的肯定糾正了不理想的行為,提高了勞動生產力	◆ 不理想的行為可能會造成消極後果 ◆ 消極的後果(責備、懲罰)可能會產生副作用 ◆ 如,敵對情緒和挑釁行為 ◆ 積極的肯定並非對所有的員工都起作用

您如何看待行為激勵方式?請舉例說明。

◆ _____

◆ _____

運用激勵理論要考慮的因素

把激勵理論運用到工作中去,有許多的制約因素。表10-17列出了經理在運用激勵理論時要考慮的因素。

表10-17 運用激勵理論要考慮的因素

運用激勵理論考慮的因素	說　明
工作性質	◆ 酒店很多工作沉悶、缺乏挑戰性,重複性強 ◆ 有些工作量和工作內容無法控制,取決於客情
公司政策及管理理念	◆ 要與公司的預算、成本控制目標一致,公司還有各項其他規定 ◆ 即使是修改工作流程也要經過一定的程序 ◆ 公司的管理風格與領導藝術決定了經理能做什麼,不能做什麼
職責、職權及可支配資源	◆ 受到工作權限的限制和制約 ◆ 手中可支配的資源有限 ◆ 任何大的變動都要經過直屬上級的批准
所管理的員工	◆ 為了工作而工作的員工,興趣不在工作上 ◆ 事事等您拿主意的員工,什麼事都依賴您作決策

續表

運用激勵理論考慮的因素	說　明
其他因素	◆ 工作中的壓力，使人不得不關注眼前的問題和工作本身 ◆ 有限的時間，無法考慮、試行各種激勵手段 ◆ 沒有一套可以照搬套用的萬能激勵理論

您認為在運用激勵理論時還要考慮哪些因素？請舉例說明。

◆ _____

◆ _____

‖ 激勵實踐

儘管沒有一套可以照搬套用的萬能激勵理論，但酒店經理在實際工作的激勵實踐中卻也總結出一些經驗。這就是先瞭解員工的需求，再滿足員工的需求，獎勵員工，創造良好的工作環境和以身作則。表10-18列出了在實際工作中酒店經理激勵員工的方法及其說明。

表10-18 經理激勵員工的方法及其說明

激勵員工	說　明
了解員工	◆ 了解員工是激勵員工的前提，不了解員工就無法激勵他們 ◆ 了解員工的工作目的、興趣、工作目標 ◆ 用詢問、觀察與問卷的形式了解員工 ◆ 可借鑑美國員工問卷調查表內容
滿足員工安全需求	◆ 確認有安全需求的員工 ◆ 提供一個安全的工作環境 ◆ 及時表揚員工的任何進步，增進員工的自信心
滿足員工社交需求	◆ 讓員工感到被接受、被認可 ◆ 讓員工有歸屬感
滿足員工尊重需求	◆ 自我尊重的氛圍 ◆ 尊重員工 ◆ 創造一個值得尊重的環境

續表

激勵員工	說　明
獎勵員工	◆ 建立獎勵機制 ◆ 獎勵多樣化 ◆ 確定獎勵原則 ◆ 表揚員工
創造良好的工作環境	◆ 讓工作場所安全適宜 ◆ 讓工作富有挑戰性 ◆ 讓員工對工作感興趣
以身作則	◆ 為員工樹立良好的榜樣 ◆ 表現自己最好的一面 ◆ 對員工抱有最好的期望

您在酒店實際工作中使用過哪些激勵員工的方法？請舉例說明。

◆ _____

◆ _____

瞭解員工

　　瞭解員工，是激勵員工的起點。每個人的工作目的、興趣與目標不同，其內在動力也不同，有效激勵的方法也應該不同。表10-19列出了瞭解員工的內容及其說明。

表10-19 瞭解員工的內容及其說明

了解員工的內容	說　明
工作目的	◆ 喜歡做與人打交道的工作 ◆ 為賺錢生活 ◆ 學的是這個專業 ◆ 有自豪感 ◆ 為了將來的發展 ◆ 先做做看，尋找機會再說

續表

了解員工的內容	說　明
工作興趣	◆ 對自己的工作感興趣 ◆ 對自己的工作有時感興趣，遇到困難時會失望 ◆ 對本職職位不感興趣，但對另外一個職位的工作有興趣 ◆ 對所了解的工作都不感興趣
工作目標	◆ 能過去就行 ◆ 提升到管理職位，做經理 ◆ 不出錯就行 ◆ 學到新東西，掌握新技能 ◆ 培養自己的能力，爲將來的發展做準備 ◆ 需要這段經歷
您認爲還需要了解員工哪些內容？請舉例說明。 ◆ ＿＿＿＿＿＿＿＿＿＿＿＿＿＿＿＿＿＿＿＿＿＿＿＿＿＿＿＿ ◆ ＿＿＿＿＿＿＿＿＿＿＿＿＿＿＿＿＿＿＿＿＿＿＿＿＿＿＿＿	

用什麼方法來瞭解員工的工作目的、工作興趣以及工作目標，這是酒店經理要考慮的下一個問題。表10-20列出了酒店經理瞭解員工的方法及其說明。

表10-20 酒店經理瞭解員工的方法及其說明

了解員工的內容	說　明
直接詢問	◆ 在工作中找機會正式或非正式地詢問員工 ◆ 在工作之餘找機會詢問員工 ◆ 有些員工可能確實不知道自己的興趣與工作目標是什麼
觀察	◆ 觀察員工的工作表現 ◆ 觀察員工的工作態度與非語言行為 ◆ 找出員工的興趣和真正的內在需求 ◆ 找出能夠激勵員工的要素
調查問卷	◆ 設計調查問卷了解員工的需求 ◆ 找出最能激勵員工的要素 ◆ 注意員工未必能如實填寫

續表

> 您在工作中是如何了解自己的員工的？請舉例說明。
>
> ◆ _____
>
> ◆ _____

　　在美國風行半個世紀的員工激勵要素調查，其結果幾乎沒有變化。員工認為最能激勵他們的前三項激勵要素，幾乎總是同樣的。表10-21列出了美國員工的工作目的及激勵要素排序表。表的左欄給您留出了練習的位置。您和您的員工會將哪三項排在前幾位？

表10-21 美國員工工作目的及激勵要素排序表

排　序	激勵要素
	◆ 我希望老闆欣賞、認可我的工作
	◆ 我希望參與和自己工作有關的決策過程
	◆ 我希望老闆幫助我解決那些影響工作的私人問題
	◆ 我希望自己是團隊的重要一員
	◆ 我希望自己的工作穩定有保障
	◆ 我希望自己的工作能多拿點工資和薪水
	◆ 我希望對自己的工作感興趣
	◆ 我希望在一個有升職機會的飯店工作
	◆ 我希望有一個值得自己為其工作的經理
	◆ 我希望在一個愉快的工作環境中工作
	◆ 我希望酒店的規章制度不要那麼嚴格

您練習的結果是什麼樣的？請舉例說明。

◆ ＿＿＿＿＿＿＿＿＿＿＿＿＿＿＿＿＿＿＿＿＿＿＿＿

◆ ＿＿＿＿＿＿＿＿＿＿＿＿＿＿＿＿＿＿＿＿＿＿＿＿

本表內容摘自由：*Supervision in the Hospitality Industry* p. 272

員工安全需求

　　從馬斯洛的需求理論來看，滿足員工安全需求會提高員工需求激勵層次。經理發現員工有安全需求特徵時，要滿足員工的安全需求，為員工提供安全的工作環境，用表揚員工的方法增進員工的自信心。表10-22列出了滿足員工安全需求的做法及其說明。

表10-22 滿足員工安全需求的做法及其說明

滿足員工安全需求的做法	說　明
有安全需求的員工特徵	◆ 表現出不安、猶豫不決和小心翼翼 ◆ 事事要請示 ◆ 害怕經理 ◆ 有恐懼與焦慮情緒
提供安全的工作環境	◆ 詳細的工作指示：做什麼，怎麼做，完成要求 ◆ 避免工作中的不確定因素 ◆ 讓他們隨時能找到自己 ◆ 幫助他們獨立完成工作 ◆ 對他們的工作滿意就要給予肯定 ◆ 避免任何恐嚇行為和語言
表揚其任何形式的進步	◆ 用表揚進步增進其自信心 ◆ 用表揚表達經理的信任 ◆ 激發其自我激勵的動力

您在工作中是如何滿足員工安全需求激勵員工的？請舉例說明。

◆ _____

◆ _____

員工社交需求

人人都有社交需求。工作能夠提供一個與他人接觸與打交道的機會，能夠滿足與人相處、被人接受和歸屬的需求。表10-23列出了經理滿足員工社交需求的做法及其說明。

表10-23 滿足員工社交需求的做法及其說明

滿足員工社交需求	說　明
讓員工感到被接受、被認可	◆ 發現並表揚員工的獨到之處 ◆ 尊重每個人的特點：大咧咧的，小心謹慎的 ◆ 區別對待每位員工 ◆ 表明看重員工的工作，尤其是工作細節

續表

滿足員工社交需求	說　明
讓員工有歸屬感	◆ 對員工進行培訓與個別指導 ◆ 向員工溝通工作情況 ◆ 徵求員工的意見 ◆ 讓員工參加與工作有關的討論 ◆ 鼓勵團隊合作精神 ◆ 注意員工間的人際關係 ◆ 鼓勵非正式團隊的參與 ◆ 建立興趣小組或解決問題小組

您在工作中是如何滿足員工社交需求對員工進行激勵的？請舉例說明。

◆ ＿＿＿＿＿＿＿＿＿＿＿＿＿＿＿＿＿＿＿＿＿＿＿＿＿＿＿＿＿＿

◆ ＿＿＿＿＿＿＿＿＿＿＿＿＿＿＿＿＿＿＿＿＿＿＿＿＿＿＿＿＿＿

員工尊重需求

　　員工的尊重需求是一種更高層次、更高境界的需求，尊重包括自我尊重、他人對自己的尊重以及尊重他人。表10-24列出了滿足員工尊重需求激勵員工的做法及其說明。

表10-24 滿足員工尊重需求激勵員工的做法及其說明

滿足員工尊重需求	說　明
自我尊重的氛圍	◆ 員工希望自己的工作優秀出色，技藝超群 ◆ 員工希望自己與眾不同 ◆ 員工希望自己能獨立工作，並有一定的決策權 ◆ 員工希望自己能有一定的自由度 ◆ 希望有適度挑戰性的工作
尊重員工	◆ 員工感到自己在一個受尊重的環境中工作 ◆ 得到經理、賓客與同事的敬重 ◆ 得到他人的認可和關注 ◆ 盡可能授權員工

續表

滿足員工尊重需求	說　明
創造一個值得尊重的環境	◆ 員工感到自己生活與工作在一群值得尊重的人群之中 ◆ 上司讓自己驕傲 ◆ 賓客與同事讓自己敬佩 ◆ 工作單位有面子

您在工作中是如何滿足員工尊重需求激勵員工的？請舉例說明。

◆ _____

◆ _____

獎勵員工

獎勵，分為物質獎勵與精神獎勵。物質獎勵如獎勵性工資、獎金、帶薪休假，精神獎勵如表揚、認可、嘉獎等。表10-25列出了獎勵員工的一些做法及其說明。

表10-25 獎勵員工的做法及其說明

獎勵員工	說　明
建立獎勵機制	◆ 保證達到激勵效果 ◆ 員工認爲水平 ◆ 獎勵目標與細則要明確 ◆ 員工參與決定獎勵內容
獎勵多樣化	◆ 物質獎勵可使用 ◆ 精神獎勵更要多用、常用 ◆ 利潤分成可考慮 ◆ 與員工共賀喜慶之事
獎勵的原則	◆ 個人與企業目標相結合 ◆ 認可員工的成績、價值 ◆ 建立員工自豪感、自尊心 ◆ 對員工的認可要及時 ◆ 對員工的認可要明確具體 ◆ 對員工的認可要透明，價值適當 ◆ 獎勵要獨特，員工想要得到的價值量最大

續表

獎勵員工	說　明
表揚員工	◆ 表揚是最簡單、最經濟有效的獎勵方法 ◆ 表揚是用積極、誠懇的方式對員工表示認可 ◆ 不僅要表揚優秀員工，還要表揚達到標準要求的員工 ◆ 隨時隨地表揚員工 ◆ 讚美員工

您在工作中還運用哪些獎勵員工的方法激勵員工？請舉例說明。

◆ _____

◆ _____

有些經理很善於表揚員工，讓員工保持一個心情舒暢的工作狀態。我們來看看下面這個經理表揚員工的案例。

表揚員工的案例

彼德先生，是上海本地一家四星級酒店的總經理。他應聘到這家酒店工作快一年了。與以前所工作的國際品牌酒店比起來，酒店的經濟效益不錯，但對管理層與員工的士氣總覺得缺點什麼。

彼德先生決定做點什麼。

在一次晨會上，彼德先生給各部門經理設定了一項任務：每位經理每天要表揚五位員工，明天的晨會檢查執行結果。

各個部門經理「噓」了口氣，這是什麼任務呀？

第二天的晨會結束之前，彼德先生詢問各位部門經理任務完成得怎麼樣了？

出乎意料的是，九位部門經理沒有一位完成任務的。

「我沒有看到屬下經理或主管有值得表揚的地方呀。」房務總監回答說。

其他經理紛紛表示贊同，對呀，根本找不到值得表揚的地方，不批評就不錯了。

「好吧，那就繼續尋找值得表揚的員工來表揚，明天我們再檢查，散會！」

三天之後，大部分經理完成了任務，他們每天表揚了至少五位員工。

兩週後，每位經理每天都完成了任務，他們每天表揚了五位以上的員工。

四週後，表揚員工已經成了部門經理的特長，他們隨時隨地表揚做事正確的員工。

員工很開心，他們說，我們的經理變了，變得平易近人了，變得和藹可親了，變得能看到我們做事辛苦了。

部門經理的心態也平和了許多，他們和員工的距離接近了。他們明白了總經理彼德先生的管理之道，明白了他分配這項表揚員工任務的「苦心」所在。──本案例由新博亞酒店培訓提供

彼德先生給酒店經理分配表揚員工任務的案例，對您有什麼啟發？把表揚員工當做一種習慣可是要經過長期練習才行。表10-26列出了關於表揚員工的練習。

表10-26 關於表揚員工的練習

表揚員工的例句：
◆ 「這樣擺得又快又好，太棒了。」
◆ 「202房間的吸塵做得特別好，整潔乾淨。」
◆ 「李莎把沙拉的高麗菜洗得特別乾淨，高麗菜通常不容易洗乾淨。」
◆ 「這份報告的格式正確。」
◆ 「前台接待員梅李對賓客的微笑特別優雅。」
您在日常工作中是如何表揚員工的？請在這裡寫下來。
◆ _____
◆ _____

創造良好的工作環境

員工的工作環境包括物質環境（休息室、更衣室、員工餐廳、淋浴間等）和工作條件（電腦、工作車、照明、設施設備等），還包括其他員工、工作時間、工資水準、福利待遇以及公司的規章管理制度等。

良好的工作環境不能直接激勵員工，但不良的工作環境卻可以導致不滿情緒，破壞激勵要素，導致員工流動率提高。因此，創造良好的工作環境，是激勵員工必不可少的條件。表10-27列出了創造良好工作環境，為激勵員工創造條件的要點及說明。

表10-27 創造良好的工作環境要點及其說明

創造良好的工作環境	說　明
讓工作場所安全適宜	◆ 一個安全的工作場所：沒有危險和事故 ◆ 一個適宜的工作場所：設備運轉正常，員工互相關照 ◆ 工資福利有競爭力 ◆ 企業規定合理，管理理念新
讓工作富有挑戰性	◆ 合適的人做合適的工作 ◆ 交叉培訓，一專多能
讓員工對工作感興趣	◆ 讓員工做自己喜歡做的工作 ◆ 喜歡與人打交道的工作 ◆ 喜歡常規性的工作 ◆ 充實員工的工作內容
您在為員工創造良好工作環境激勵員工方面做了哪些工作?請舉例說明。 ◆ _____ ◆ _____	

酒店經理以身作則

員工激勵的加速器是經理。擁有良好領導藝術的酒店經理對工作充滿熱情與高期望值。他們的熱情就像員工激勵的加速器，讓員工更加興奮，創造了一個積極向上的工作環境。酒店經理對工作的100%的投入，換來的是員工110%的回報。表10-28列出了酒店經理在員工激勵中以身作則，讓員工跑起來的做法及其說明。

表10-28 酒店經理以身作則的做法及其說明

酒店經理以身作則	說　明
為員工樹立榜樣	◆ 員工模仿經理做事 ◆ 經理出色的表現員工會模仿 ◆ 經理的不佳表現員工也會仿效

續表

酒店經理以身作則	說　明
表現自己最好的一面	◆ 要求員工做到的自己首先做到 ◆ 堅守自己的諾言，堅守職業道德 ◆ 忠誠自己的工作單位與上司 ◆ 員工會效仿您待客服務的態度 ◆ 員工會效仿您的工作熱情 ◆ 控制自己的情緒，避免待客服務不周 ◆ 避免發牢騷、抱怨
對員工抱有最好的期望	◆ 期望員工做得好，並鼓勵他們，他們就會做得最好 ◆ 厭惡和惡意批評只能換來員工的憎恨和抑制

您在以身作則激勵員工方面做得如何？請舉例說明。

◆ _____

◆ _____

「要學會讚美他人！」

西餐廳經理羅杰成功解決了讚美賓客的問題。他在考慮如何在員工之間創造一種友好氛圍的事。

在例會上他要求員工把相互讚美的話寫出來。因為有外籍員工，大家使用了雙語，包括：

◆ Great！做得好！

◆ Good job！太好了！

◆ Excellent！很出色！

◆ Great job！太棒了！

◆ Wonderful！真好！

◆ Perfect！太完美了！

◆ Thank you！謝謝您！

◆ Nice job！不錯！

◆ Well done！恰到好處！

◆ I just love it！正合我意！

◆ Amazing！真沒想到！

◆ Unique！與眾不同！

◆ First class job！一流的工作！

◆ You hit the target！您成功了！

◆ You made it！您成功了！

◆ Fantastic！妙極了！

◆ Impressive！佩服啊！

◆ You are so good！您棒極了！

◆ Incredible！真是難以置信！

「好！」

羅杰總結說，「從今天開始，讓我們在工作中使用這些讚美的語言，直到養成習慣，大家今天的表現真是Fantastic——妙極了！」

例會在熱烈的氣氛中結束，大家興致勃勃地走出了會議室。

激勵技能達標測試

下面關於激勵技能的測試問題，用於測試您的激勵技能水準。在「現在」一欄做一遍，並在兩週、四週後分別再做一遍這些測試題，看看您的激勵技能是否有進步。找出進步與退步的原因，逐步提高自己的激勵技能，您一定會成為一名有效激勵員工的酒店經理！

現在	兩週後	四週後	測試問題
☐	☐	☐	1.我知道為什麼要激勵員工行動起來
☐	☐	☐	2.我知道激勵與員工表現的關係
☐	☐	☐	3.我知道如何確定激勵問題
☐	☐	☐	4.我知道激勵理論有哪些
☐	☐	☐	5.我知道恐嚇激勵理論的內容及其在工作中的應用
☐	☐	☐	6.我知道胡蘿蔔加棍子激勵理論及其在工作中的應用
☐	☐	☐	7.我知道金錢激勵理論及其在工作中的應用
☐	☐	☐	8.我知道「以人為本」的激勵理論及其在工作中的應用
☐	☐	☐	9.我知道需求層次理論及其在工作中的應用

續表

現在	兩週後	四週後	測試問題
☐	☐	☐	10.我知道目標激勵理論及其在工作中的應用
☐	☐	☐	11.我知道激勵因素及其在工作中的應用
☐	☐	☐	12.我知道行為激勵理論及其在工作中的應用
☐	☐	☐	13.我知道用激勵理論要考慮的因素有哪些
☐	☐	☐	14.我知道在激勵員工中如何了解員工
☐	☐	☐	15.我知道如何滿足員工的安全需求
☐	☐	☐	16.我知道如何滿足員工的社交需求
☐	☐	☐	17.我知道如何滿足員工的尊重需求
☐	☐	☐	18.我知道如何獎勵員工
☐	☐	☐	19.我知道如何創造良好的工作環境激勵員工
☐	☐	☐	20.我知道經理如何以身作則激勵員工

合計得分：

第十一章 工作考評——讓員工業績飛揚

本章概要

員工工作考評技能水準測試

員工工作考評

日常工作指導

表揚

批評

處分

解聘

員工正式工作考評

員工工作考評表

員工考評方式

員工考評的步驟

員工考評中的常見錯誤

員工自我考評

經理對員工考評

員工培訓與職業發展計劃

員工工作考評技能達標測試

培訓目的

學習本章「工作考評──讓員工業績飛揚」之後，您將能夠：

☆瞭解經理如何對員工進行日常工作指導

☆瞭解經理如何對員工進行正式工作考評

☆瞭解經理如何為員工制定培訓與發展計劃

‖ 員工工作考評技能水準測試

下面關於員工工作考評技能水準測試問題，用於測試您的員工工作考評技能。選擇「知道」為1分，選擇「不知道」為0分。得分高，說明您對員工工作考評技能

理解深刻，有可能在工作中加以運用；得分低，説明您有學習潛力，學到新知識，將來會在工作中加以運用。

知道	不知道	測試問題
☐	☐	1.我知道員工工作考評對員工及經理的益處有哪些
☐	☐	2.我知道員工工作考評對酒店的益處有哪些
☐	☐	3.我知道員工工作考評的內容是什麼
☐	☐	4.我知道什麼是日常工作指導
☐	☐	5.我知道何時何地如何表揚員工
☐	☐	6.我知道何時何地如何批評員工
☐	☐	7.我知道何時何地如何處分員工
☐	☐	8.我知道爲何要請人力資源部人員幫忙解聘員工
☐	☐	9.我知道正式員工工作考評的內容有哪些
☐	☐	10.我知道員工工作考評表有哪些主要內容
☐	☐	11.我知道什麼是員工素質考評、什麼是員工工作考評
☐	☐	12.我知道員工考評中的評分標準
☐	☐	13.我知道員工工作考評的步驟
☐	☐	14.我知道爲什麼要進行員工自評
☐	☐	15.我知道員工相互考評的作用是什麼
☐	☐	16.我知道酒店經理在員工考評中常見錯誤以及如何加以避免
☐	☐	17.我知道如何運用員工工作考評的原則
☐	☐	18.我知道如何準備員工工作考評
☐	☐	19.我知道如何進行員工工作考評
☐	☐	20.我知道如何爲員工制定培訓與發展計畫

合計得分：

▎員工工作考評

員工經過招聘面試進入酒店，透過入職培訓與在職培訓掌握了工作知識與技能並擁有了良好的工作態度。如果能夠保質保量地按時完成工作任務，就是業績良好的優秀員工。經理人人都想擁有業績良好的優秀員工！

工作考評，讓員工保持良好的工作表現，讓員工的業績不斷上揚。員工工作考評對員工、對經理以及酒店企業都有益處。表11-1列出了員工工作考評的益處及其說明。

表11-1 員工工作考評的益處及其說明

員工工作考評的益處	說　明
對員工的益處	◆ 及時得到經理對自己反饋意見 ◆ 了解自己工作的優點及不足之處 ◆ 表揚激勵進取 ◆ 批評及時改進 ◆ 有助於員工的職業發展
對經理的益處	◆ 加強與員工的了解，增進員工關係 ◆ 與員工溝通工作標準與目標 ◆ 幫助員工增進工作表現
對酒店的益處	◆ 增進員工士氣 ◆ 保持較高的勞動生產力水平 ◆ 降低員工流動率 ◆ 確定培訓需求與培訓效果
您認為員工工作考評還有哪些益處？請舉例說明。 ◆ ＿＿＿＿＿＿＿＿＿＿＿＿＿＿＿＿＿＿＿＿＿＿＿＿＿＿＿＿＿ ◆ ＿＿＿＿＿＿＿＿＿＿＿＿＿＿＿＿＿＿＿＿＿＿＿＿＿＿＿＿＿	

員工工作考評由經理對員工的日常工作指導與正式工作考評兩部分組成，其中包括員工職業發展的設計與實施。表11-2列出了員工工作考評的內容及其說明。

表11-2 員工工作考評的內容及其說明

員工工作考評的內容	說　明
日常工作指導	◆ 表揚，及時表揚員工做得對的地方 ◆ 批評，及時指出員做得不對的方面 ◆ 處分，對於屢教不改的給予適當的處分 ◆ 解聘，員工處分的最後一步
正式工作考評	◆ 設計員工考評表 ◆ 員工自評，由員工對自己的工作進行評估 ◆ 經理對員工進行考評，經理對員工的工作進行評估 ◆ 考評談話，經理與員工就考評表進行意見交換 ◆ 考評結果，作為員工加薪晉級獎金等的參考
員工職業發展設計	◆ 員工交差培訓的安排 ◆ 員工培訓的安排 ◆ 員工職業階梯的考慮

您在工作中對員工工作的考評還有哪些內容？請舉例說明。

◆ _____

◆ _____

日常工作指導

日常工作指導是酒店經理在日常工作中進行的，通常只需花上幾分鐘的時間，不影響酒店經理及員工的正常工作，但對員工的工作可以造成積極的作用。日常工作指導可以及時對員工的出色表現進行表揚，對員工工作中的小毛病進行糾正。表11-3列出了日常工作指導的主要內容及其說明。

表11-3 日常工作指導的主要內容及其說明

日常工作指導的內容	說　明
表揚	◆ 口頭表揚 ◆ 公開表揚 ◆ 物質鼓勵 ◆ 感謝信

續表

日常工作指導的內容	說　明
批評	◆ 指出員工的不良表現 ◆ 批評要私下進行 ◆ 要用和緩的態度
處分	◆ 經過批評仍不改正的要採取處分措施 ◆ 按照酒店的規定進行
解聘	◆ 處理員工問題的最後一步 ◆ 表明是員工自己解聘了自己
對日常工作指導的建議	◆ 讓員工使用如員工手冊、工作手冊等來指導自己的工作 ◆ 請具有良好工作習慣的資深員工做新員工的「搭檔」，言傳身教增進新員工的工作表現
您在實際工作中還使用哪些方式指導員工工作？請舉例說明。 ◆ ＿＿＿＿＿＿＿＿＿＿＿＿＿＿＿＿＿＿＿＿＿＿＿＿＿＿＿＿＿ ◆ ＿＿＿＿＿＿＿＿＿＿＿＿＿＿＿＿＿＿＿＿＿＿＿＿＿＿＿＿＿	

　　對員工的日常工作進行指導，是經理每天要做的工作之一。表11-4列出了酒店經理在進行日常工作指導時的方針。

表11-4 酒店經理日常工作指導的方針

◆ 說到員工工作表現，無論是正面的還是反面的，都要具體

◆ 對事不對人，針對的是員工的表現而不是員工個人

◆ 表揚要公開進行

◆ 批評，特別是處分，要私下進行

◆ 當自己情緒激動時，最好不做任何決定，先冷靜下來再說

◆ 處分要慎重，一定要有充足的時間與員工交換意見

◆ 處分員工時要說明員工的錯誤如何影響了酒店形象和大多數員工的利益

◆ 日常工作指導，不是下命令

◆ 每天騰出時間到工作現場走一走，觀察並發現問題

◆ 與員工進行交談，了解員工的想法

◆ 一旦發現問題立即與員工交換意見，以表揚為主

◆ 把每天的日常工作指導情況做紀錄備案

您在實際工作中是如何指導員工的？請舉例說明。

◆ _____

◆ _____

表揚

　　酒店經理在日常工作指導中，要善於觀察員工的表現，並就員工的表現與員工交換意見。凡是達到工作標準要求的員工，都應該立即得到表揚。員工都希望能夠得到經理的表揚，所以酒店經理要儘量多地表揚員工。表11-5列出了酒店經理表揚員工的步驟及其說明。

表11-5 酒店經理表揚員工的步驟及其說明

表揚員工的步驟	說　明
說出所表揚員工的具體做法	◆ 稱呼員工的姓名 ◆ 說出員工作做得正確的具體做法 ◆ 例如，「李娜，您把工作車放在客房門口的做法很好!」
說出這些做法的好處	◆ 把員工的出色表現告訴他們 ◆ 例如，「這樣做，可以保證客房的安全。」
表揚員工	◆ 讓員工知道經理很為他們的工作高興 ◆ 例如，「您做得很好，謝謝!」
關於表揚員工的建議	◆ 抓住每一次表揚員工的機會，只要員工的工作達到標準要求 ◆ 觀察並記錄員工表現出色的地方 ◆ 給員工寫封感謝信 ◆ 設計一張表揚的標準表式，每次表揚員工後，將其放進員工的個人檔案之中，便於員工正式工作考評時查用

您在工作中是如何成功表揚員工的？請舉例說明。

◆ _____

◆ _____

批評

　　酒店經理在觀察員工工作時，會發現一些問題。如果這些問題是小毛病，只要隨意對員工指出即可，不必小題大做。如果這些問題比較大或比較嚴重，則要對員工進行批評。

　　批評錯誤的目的是鼓勵正確。表11-6列出了酒店經理在批評員工之前要考慮的幾個問題及其說明。

表11-6 酒店經理批評員工之前要考慮的問題及其說明

批評員工之前要考慮的問題	說　明
員工是否知道正確的行為	◆ 如果員工不知道什麼是正確的行為，應該培訓員工
是否是員工的問題	◆ 有時並非是該員工的原因 ◆ 如，設備問題或其他員工的問題
問題的嚴重程度	◆ 如果問題並非嚴重，現場指導即可解決 ◆ 如果問題嚴重，則需進行批評
該員工以前是否有過這種行為	◆ 員工是初犯還是再犯 ◆ 是否有員工以外的其他原因
確定批評員工的目的	◆ 確定要員工糾正什麼 ◆ 達到標準要求

您認為在批評員工之前還應考慮哪些問題？請舉例說明。

◆ _____

◆ _____

　　酒店經理在回答了以上問題之後，如果仍然覺得有必要對員工進行批評的話，要對員工進行批評。表11-7列出了酒店經理批評員工的步驟及其說明。

表11-7 酒店經理批評員工的步驟及其說明

批評員工的步驟	說　明
私下和員工談話	◆ 不可在公開場合批評員工 ◆ 不可當著其他員工的面批評員工 ◆ 需要營造一種放鬆友好的氛圍
指出需要員工改進的地方	◆ 對事不對人，指出需要員工改進的具體問題 ◆ 一次集中解決一個問題 ◆ 語氣要平緩、溫和 ◆ 說明後果，讓員工知道自己的行為給其他員工帶來的麻煩 ◆ 給員工解釋的機會
徵求員工的意見和想法	◆ 由員工提出解決問題的方法 ◆ 與員工共同討論這些方法 ◆ 制定一個可行的行動方案和時間表
鼓勵員工執行新的行動方案	◆ 讓員工複述雙方已達成的協議 ◆ 確認雙方理解正確 ◆ 表示相信員工有能力改變缺點錯誤

續表

批評員工的步驟	說　明
後續跟進檢查	◆ 找時間跟進，檢查員工是否改正錯誤 ◆ 表現自己對工作問題的重視 ◆ 發現員工改進時要及時進行表揚 ◆ 將談話及結果作紀錄備案 ◆ 除非必要，不再提起此事

您在工作中是如何批評員工的？請舉例說明。

◆ _____

◆ _____

　　新博亞酒店中餐廳服務員海倫近幾個星期工作表現不佳，連續兩次因服務態度粗暴受到賓客投訴。中餐廳經理艾麗絲把這一切看在眼裡，也與她交談兩句，並未發現大問題。這次，艾麗絲決定要對海倫的對客服務態度進行批評，目的是改正她的對客服務的不良態度。表11-8列出了中餐廳經理艾麗絲批評員工海倫服務態度不好的案例。

表11-8 批評員工服務態度不好的案例

批評員工的步驟	說　明
私下和海倫談話	◆ 艾麗絲把海倫約到了辦公室 ◆ 他給海倫倒了杯水，請他坐在自己的對面
指出需要海倫改進的地方	◆ 艾麗絲問海倫：「兩次賓客投訴，一次口頭投訴，一次書面投訴，問題出在哪裡？」 ◆ 海倫氣憤地說：「算我倒霉，收到兩次投訴！」 ◆ 艾麗絲說：「您知道我們餐廳對客服務一直很好，很少受到賓客投訴，這件事對餐廳其他員工影響很不好。說說看，到底是什麼原因？或許我能幫助您。」
徵求海倫的意見和想法	◆ 海倫哭了。她說，那天晚餐，她托著8個湯盅的托盤快走近餐桌時差點被翹起來的地毯接縫絆倒，她情不自禁地「啊呀」叫了一聲，那桌賓客轉過身來看她已經站穩在那裡時，就責怪她「大呼小叫」而投訴了她 ◆ 「原來是這樣，那第二次呢？」艾麗絲在本子上記著什麼 ◆ 海倫繼續說道，那天瑪麗為賓客點錯了菜，我上菜時賓客就責罵起我來了。連忙說，對不起，我馬上給您換，可那位賓客說，對不起就完了，給我免單！她就投訴了我 ◆ 「沒想到是這樣，還有嗎？」艾麗絲繼續問道

續表

批評員工的步驟	說　明
徵求海倫的意見和想法	◆ 海倫說，家庭也不順，老公正和她鬧離婚，這世界真不公平 ◆ 艾麗絲「嗯」了一聲，心想這我可幫不了您 ◆ 海倫繼續說，我不喜歡上早班，晚上休息不夠，早上情緒不好 ◆ 艾麗絲問道，那您想怎樣解決這些問題呢
鼓勵海倫執行新的行動方案	◆ 艾麗絲說，「好吧，我與客房部聯繫補平地毯接縫的問題，明天餐前會再談一下團隊合作問題，其餘的您說說看。」 ◆ 海倫鬆了一口氣，她輕鬆地說，我上宴會班，我喜歡忙一點 ◆ 艾麗絲表示相信海倫會在今後的工作中提高度客服服務水平 ◆ 海倫笑著點了點頭
後續跟進檢查	◆ 經理艾麗絲觀察著海倫的上班表現，很不錯，她找到了感覺 ◆ 艾麗絲把與海倫談話及觀察結果紀錄整理了一下，放進了檔案袋裡

表11-9列出了批評員工的練習，參考表11-7批評員工的步驟以及表11-8批評員

工的案例進行練習，練習中請不要使用員工的真實姓名。

表11-9 關於批評員工的練習

批評員工的步驟	說　明
私下和員工談話	◆ ＿＿＿＿＿＿＿＿＿＿＿＿＿＿＿ ◆ ＿＿＿＿＿＿＿＿＿＿＿＿＿＿＿
指出需要員工改進的地方	◆ ＿＿＿＿＿＿＿＿＿＿＿＿＿＿＿ ◆ ＿＿＿＿＿＿＿＿＿＿＿＿＿＿＿
徵求員工的意見和想法	◆ ＿＿＿＿＿＿＿＿＿＿＿＿＿＿＿ ◆ ＿＿＿＿＿＿＿＿＿＿＿＿＿＿＿
鼓勵員工執行新的行動方案	◆ ＿＿＿＿＿＿＿＿＿＿＿＿＿＿＿ ◆ ＿＿＿＿＿＿＿＿＿＿＿＿＿＿＿
後續跟進檢查	◆ ＿＿＿＿＿＿＿＿＿＿＿＿＿＿＿ ◆ ＿＿＿＿＿＿＿＿＿＿＿＿＿＿＿

處分

當員工違反店規店紀時，經理有必要根據酒店規定給予員工相應的處分。處分員工不是懲罰，是幫助員工預防出現更大問題、預防解聘以及更壞情況的發生，也是經理履行管理職責對員工負責的表現。處分員工的目的是鼓勵員工遵守店規店紀，使員工更加安全地在一起工作。表11-10列出了經理在處分員工之前應該考慮的問題及其說明。

表11-10 處分員工之前應該考慮的問題及其說明

應該考慮的問題	說　明
確定處分目的	◆ 把要說明的問題準確地寫下來 ◆ 例如，客房部員工李敏三次遲到，記過一次 ◆ 記過的目的是杜絕遲到的現象
選擇談話時間與地點	◆ 選擇一個不被打擾的地方 ◆ 把談話時間和地點提前通知員工 ◆ 例如，客房部經理曼麗通知員工李敏週三下午三點到她的辦公室談話
收集相關資料	◆ 收集員工打卡紀錄 ◆ 找出上次與員工李敏的談話紀錄 ◆ 例如，曼麗找出上次與李敏的談話紀錄，時隔不到一週
理解員工的感受	◆ 理解員工對處分過程的感受 ◆ 理解員工對處分的感受 ◆ 避免讓員工感到難堪、受罰 ◆ 避免讓員工感到是與經理的個人恩怨
您認為在對員工進行處分時還應考慮哪些問題？請舉例說明。 ◆ ＿＿＿＿＿＿＿＿＿＿＿＿＿＿＿＿＿＿＿＿＿＿＿＿＿＿＿＿＿ ◆ ＿＿＿＿＿＿＿＿＿＿＿＿＿＿＿＿＿＿＿＿＿＿＿＿＿＿＿＿＿	

　　與員工進行有關處分的談話是比較困難的，員工可能會氣憤不平，也可能是悶聲不響，或許會馬上認錯。無論是哪種情況，要做到讓員工心服口服是有難度的。表11-11列出了處分員工談話的步驟及其說明。

表11-11 處分員工談話的步驟及其說明

處分員工談話的步驟	說　明
選擇時機	◆ 處分要及時，但也要選擇時機 ◆ 例如，客房部經理曼麗告訴李敏週三下午三點在她的辦公室討論關於她三次遲到的事

續表

處分員工談話的步驟	說　明
有效的開場	◆ 開門見山表明對員工及問題的關注 ◆ 經理曼麗請李敏坐下，「李敏，關於您遲到三次的事，我想我們應該談一談了，我不想讓事情變得更嚴重。」
交談要具體	◆ 只針對要處分的一件事，對事不對人 ◆ 經理曼麗說，「在過去的兩週時間裡，您遲到了三次。」
說出自己的感受	◆ 說出自己對員工違規行為的感受 ◆ 經理曼麗說，「為此，我感到很失望，上次談話時您曾保證過不再遲到的。」
給員工解釋的機會	◆ 讓員工有機會說出自己意見 ◆ 經理曼麗說，「我能理解您的實際情況，但遲到是不行的。」
確定解決辦法	◆ 請員工提出解決方案 ◆ 經理曼麗說，「您想怎樣做才能避免再次遲到呢？有我能幫忙的地方嗎？」
積極地結束交談	◆ 以今後為話題結束談話 ◆ 經理曼麗說：「我很高興您對遲到問題的解決方案，讓我們共同努力，讓遲到的事情再也不要再發生了。」

您在實際工作中是如何與員工進行處分談話的？請舉例說明。

◆ _____

◆ _____

解聘

　　當批評與處分都無法幫助員工達到最起碼的工作標準要求時，當員工違反員工手冊規定達到解聘條例時，解聘勢在必行。表11-12列出了解聘的步驟與說明。

表11-12 解聘的步驟及其說明

解聘的步驟	說　明
保存書面紀錄	◆ 書面紀錄可以說明解聘的必要性 ◆ 工作事故報告 ◆ 處分單 ◆ 工作考評表 ◆ 批評與處分紀錄等
請人力資源部派員參與	◆ 與人力資源部有關人員交換意見 ◆ 例行解聘談話 ◆ 解聘談話最好有人力資源部有關人員在場
說明解聘理由	◆ 說明解聘的具體原因 ◆ 強調解聘是酒店的決定，不是經理個人的決定 ◆ 強調員工違反店紀店規，是他們自己炒自己的魷魚，經理只是照章辦事 ◆ 請員工到人力資源部辦理相關解聘離職手續
對員工解聘的建議	◆ 解聘員工，要遵守酒店有關的解聘規定 ◆ 僅憑自己的一時衝動解聘員工是不明智的，也是不合法的

您在實際工作中是如何處理解聘員工的？請舉例說明。

◆ _____

◆ _____

‖ 員工正式工作考評

　　酒店經理除了要掌握對員工日常工作指導的表揚、批評、處分以及解聘等技能之外，還要掌握對員工進行定期的正式工作考評的技能。

　　員工工作考評指的是酒店定期對員工工作優缺點進行評估，並確定改進方案的一種員工工作評估過程。正式的員工工作考評通常利用員工工作考評表進行。

員工工作考評表

　　員工工作考評表是進行員工工作考評的工具，形式多種多樣。多數酒店將員工考評表設計成為管理人員工作考評表與員工工作考評表兩種。管理人員考評表側重

於素質考評,而員工考評表的內容側重於工作考評。工作考評的指標比素質考評指標更加具體化、量化。表11-13列出了員工工作考評表的主要內容及其說明。

表11-13 員工工作考評的主要內容及其說明

員工工作考評的內容	說　明
員工素質方面	◆ 責任感 ◆ 創新精神 ◆ 團隊合作 ◆ 賓客評價 ◆ 考勤情況 ◆ 獎勵情況 ◆ 儀容儀表
員工工作方面	◆ 保持工作場所潔淨 ◆ 3分鐘內辦理賓客入住登記手續 ◆ 3分鐘內擺一張桌 ◆ 25分鐘內做一間客房 ◆ 對客服務STAR技能
員工培訓與發展方面	◆ 員工技能培訓計畫 ◆ 員工管理技能培訓計畫 ◆ 員工職業階梯計畫
在您工作的酒店,員工工作考評還有哪些內容?請舉例說明。 ◆ _____ ◆ _____	

員工考評方式

員工工作考評的方式很多,最常用的是評分式。根據員工工作考評表逐項對表中的項目按1～5分進行打分,5分為最高分,1分為最低分。逐項評分後,再把員工素質方面及員工工作方面評分相加,得出員工工作考評的總分數。表11-14列出了五分制評分標準及其說明。

表11-14 五分制評分標準及其說明

員工工作考評的內容	評分標準	說　明
員工素質方面：		
◆ 責任感	1 2 3 4 5	5 分：優秀
◆ 創新精神	1 2 3 4 5	4 分：良好
◆ 團隊合作	1 2 3 4 5	3 分：合格
◆ 賓客評價	1 2 3 4 5	2 分：不合格
◆ 考勤情況	1 2 3 4 5	1 分：很差
◆ 獎勵情況	1 2 3 4 5	
◆ 儀容儀表	1 2 3 4 5	
得分小計	＿＿＿ 分	
員工工作方面：		
◆ 保持工作場所潔淨	1 2 3 4 5	5 分：優秀
◆ 3分鐘內辦理賓客入住登記手續	1 2 3 4 5	4 分：良好
◆ 3分鐘內擺一張桌	1 2 3 4 5	3 分：合格
◆ 25分鐘內做一間客房	1 2 3 4 5	2 分：不合格
◆ 對客服務STAR技能	1 2 3 4 5	1 分：很差
得分小計	＿＿＿ 分	
總分	＿＿＿ 分	

員工考評的步驟

　　員工工作考評是在酒店企業範圍內定期對全體員工進行的一項考評活動。考評通常由員工的直屬上級對員工進行考評，也有員工之間進行相互考評的。表11-15列出了常見的員工工作考評的步驟及其說明。

表11-15 員工工作考評的步驟及其說明

員工工作考評的步驟	說　明
員工自評	◆ 在正式考評的前兩週將考評表發給員工 ◆ 員工根據考評表中項目進行自我評估 ◆ 將考評表交給直屬上級
員工互評	◆ 根據考評表中的項目相互考評 ◆ 評分討論有益於對評分標準的統一

續表

員工工作考評的步驟	說　明
經理與員工考評談話	◆ 經理對屬下員工逐一根據考評表進行考評 ◆ 安排與每位員工分別進行考評談話 ◆ 與每位員工單獨交換考評意見 ◆ 表揚員工的業績，提出改進的方案 ◆ 就與員工自評的差異部分進行討論 ◆ 確定員工職業發展的安排計畫
後續跟進	◆ 考評結果放進員工個人檔案 ◆ 考評結果作為員工晉級、加薪以及獎金發放的依據之一 ◆ 可將員工兩次考評結果進行對比，比較員工工作業績提高情況
您在實際工作中是如何對員工進行考評的？請舉例說明。 ◆ _____ ◆ _____	

員工考評中的常見錯誤

員工工作考評是將每位員工從聘用那天起或上次考評至當前時間的工作表現進行考評，並用書面形式進行記錄的一個過程。考評的基礎是日常的觀察及其相關記錄，如表揚、批評及處分記錄，考勤記錄等。

員工考評一定要客觀與公正才能收到預期效果。表11-16列出了酒店經理在員工工作考評中的一些常見錯誤。

表11-16 員工工作考評中的常見錯誤及其說明

員工工作考評中的常見錯誤	說　明
將員工相互進行比較	◆ 員工各有長處，彼此間不宜進行比較 ◆ 要將員工的工作與工作標準要求進行比較
最近印象爲主	◆ 酒店經理往往關注員工最近一段時間的表現 ◆ 忽視了幾個月前或更長時間之前的出色表現 ◆ 用日常觀察與紀錄關注員工兩次考評之間的表現
光環效應	◆ 當員工有一方面表現突出時而得到全部高分考評 ◆ 因員工上次考評得分高而得到本次考評的高分 ◆ 對有過批評與處分的員工其他評分也低

續表

員工工作考評中的常見錯誤	說　明
老好人	◆ 員工考評的最終分數以經理評分爲準 ◆ 經理擔心得罪員工而給所有員工評出高分
完美主義	◆ 認爲員工的工作尚未達到完美不能評滿分 ◆ 擔心員工評分過高要求加薪晉級
中庸之道	◆ 不給員工評出最高分與最低分 ◆ 不論員工表現如何一律評爲中等級別，如3分或4分
走過場	◆ 不願花時間對員工進行工作考評 ◆ 草草進行考評未達到考評效果

您認爲在實際考評工作中還有哪些錯誤傾向？請舉例說明。

◆ _____

◆ _____

錯誤的考評結果必然要造成事與願違，失去員工工作考評的意義。表11-17，列出了對員工進行準確公平考評需要遵循的原則及其說明。

表11-17 員工工作考評的原則及其說明

員工工作考評的原則	說　明
評價員工工作	◆ 評價員工的工作而不是員工本人 ◆ 或許您不喜歡這位員工，但他的工作可能是優秀的 ◆ 或許您喜歡這位員工，但要客觀評價其工作
客觀評價	◆ 使用具體事例證明自己的評價是客觀的 ◆ 使用日常的觀察紀錄說明評價是客觀的
對不合格表現的評價	◆ 出現不合格的表現時問一個「爲什麼」 ◆ 先從自己方面找原因 ◆ 是否是對員工培訓不夠或工具不合適
保持公正與一致性	◆ 對員工的評價標準應該是一致的 ◆ 去除私心雜念，公正對待員工的工作 ◆ 自問如果是對自己的考評會怎樣
聽取其他員工的意見	◆ 聽取其他員工及有關人員的意見 ◆ 聽取員工本人的意見

續表

員工工作考評的原則	說　明
要有文字紀錄	◆ 所有的考評談話都要有文字紀錄，可記錄在員工工作考評表上 ◆ 紀錄與員工討論的如何改進工作的意見和方法 ◆ 將紀錄放進員工個人檔案備案

您認爲正確進行員工工作考評還有哪些原則？請舉例說明。

◆ _____

◆ _____

員工自我考評

　　在經理對員工進行正式工作考評之前，通常會提前將考評表發給員工，由員工針對考評內容逐項進行自我評價。表11-18列出了員工自我考評的步驟與說明。

表11-18 員工自我考評的步驟及其說明

員工工作考評的步驟	說　明
發放考評表	◆ 在員工正式工作考評的兩週之前將考評表發給員工 ◆ 給員工充分的時間思考並了解考評表的內容
自我考評	◆ 由員工填寫考評表 ◆ 對自己的工作進行評分，找出工作差距 ◆ 知道自己將要在哪些方面得到經理的考評
提交考評表	◆ 員工將自己填寫的考評表提交給經理 ◆ 準備接受經理對自己的工作考評

您在實際工作中是如何進行員工自評的？請舉例說明。

◆ _____

◆ _____

經理對員工考評

　　酒店經理對員工的工作考評是透過與員工進行單獨考評談話完成的。有些酒店在對員工工作考評開始之前對酒店經理進行考評培訓，要求酒店經理對員工的考評談話不少於30分鐘。表11-19列出了經理對員工考評的步驟及其說明。

表11-19 經理對員工考評的步驟及其說明

經理對員工考評的步驟	說　明
準備考評	◆ 確定與員工進行考評談話的時間與地點 ◆ 提前發放員工考評表，請員工自評，並在正式考評時提交考評表 ◆ 收集考評資料，包括每日觀察記錄的員工表現資料、事故紀錄等 ◆ 填寫員工考評表，對員工的工作進行評價 ◆ 對照上一次員工工作考評表，檢查哪些方面有提高，哪些方面仍需努力 ◆ 列出問題及所希望的解決方式 ◆ 考慮員工下一階段的培訓職業發展計畫 ◆ 決定是否討論薪水問題
進行考評談話	◆ 建立友好輕鬆的氛圍 ◆ 鼓勵員工參與交談，讓自己的談話不要超過50% ◆ 表揚員工的出色工作 ◆ 對第一次參加考評的員工說明考評的程序 ◆ 請員工談兩次考評間所取得的進步與不足 ◆ 解釋自己的評分哪些與員工評分一致，確定雙方分歧的地方並進行意見交流 ◆ 確定一個可衡量的目標幫助員工增進工作表現 ◆ 讓員工了解您的期望 ◆ 與員工討論培訓與職業發展計畫 ◆ 請員工在考評表上簽名 ◆ 感謝員工的參與，在積極的氣氛中結束考評
後續跟進	◆ 根據與員工的談話紀錄整理考評表 ◆ 將有員工簽名的考評表放進員工個人檔案 ◆ 允許員工保留一份員工考評表 ◆ 執行與員工商定的員工培訓與發展計畫 ◆ 向員工提供持續的支持

您是如何進行員工考評談話的？請舉例說明。

◆ _____

◆ _____

‖ 員工培訓與職業發展計劃

　　員工工作考評表中很重要的一個內容是員工培訓與職業發展計劃。員工工作考評是讓員工看到自己工作出色的地方，找到差距與不足。員工培訓與職業發展計劃

正是針對員工需求，幫助員工提高工作技能，完成職業發展規劃的重要步驟。表11-20列出了員工培訓與職業發展計劃的內容及其說明。

表11-20 員工培訓與職業發展計劃的內容及其說明

員工培訓與職業發展計畫的內容	說　明
培訓計畫	◆ 針對員工工作中的不足之處制定相應的在職技能培訓計畫 ◆ 針對員工的差距要求員工參加酒店組織的相關培訓 ◆ 表現出色的員工可以參加酒店管理技能課程及其他課程 ◆ 將本部門需要進行的在職培訓計畫上報培訓部作為下一一年度的部門員工培訓計畫加以保證 ◆ 將本部門員工需要參加的其他管理課程或相關培訓整理出來報培訓部給予統一安排
職業發展計畫	◆ 為員工制定職業規劃 ◆ 員工可選擇留在本職位繼續提高 ◆ 員工可選擇橫向流動，多掌握一門技能 ◆ 員工也可選擇職位晉升，成為管理人員候選人 ◆ 為員工職業發展制定時間計畫
您在工作中如何為員工制定培訓與職業發展計畫？請舉例說明。 ◆ _____ ◆ _____	

‖ 員工工作考評技能達標測試

下面關於員工工作考評技能的測試問題，用於測試您的員工工作考評水準。在「現在」欄做一遍，並在兩週、四週後分別再做一遍這些測試題，看看自己的員工工作考評技能是否有進步。提高自己的員工工作考評技能，您一定能夠成為一名讓員工業績飛揚的經理。

現在	兩週後	四週後	測試問題
☐	☐	☐	1.我知道員工工作考評對員工及經理的益處有哪些
☐	☐	☐	2.我知道員工工作考評對酒店的益處有哪些
☐	☐	☐	3.我知道員工工作考評的內容是什麼
☐	☐	☐	4.我知道什麼是日常工作指導
☐	☐	☐	5.我知道何時何地如何表揚員工
☐	☐	☐	6.我知道何時何地如何批評員工
☐	☐	☐	7.我知道何時何地如何處分員工
☐	☐	☐	8.我知道為何要請人力資源部員工幫忙解聘員工
☐	☐	☐	9.我知道正式員工工作考評的內容有哪些
☐	☐	☐	10.我知道員工工作考評表有哪些主要內容
☐	☐	☐	11.我知道什麼是員工素質考評、什麼是員工工作考評
☐	☐	☐	12.我知道員工考評中的評分標準
☐	☐	☐	13.我知道員工工作考評的步驟
☐	☐	☐	14.我知道為什麼要進行員工自評
☐	☐	☐	15.我知道員工相互考評的作用是什麼
☐	☐	☐	16.我知道酒店經理在員工考評中常見錯誤以及如何加以避免
☐	☐	☐	17.我知道如何運用員工工作考評的原則
☐	☐	☐	18.我知道如何準備員工工作考評
☐	☐	☐	19.我知道如何進行員工工作考評
☐	☐	☐	20.我知道如何為員工制定培訓與發展計畫

合計得分：

國家圖書館出版品預行編目（CIP）資料

酒店業督導技能 / 姜玲編著 . -- 第一版 . -- 臺北市：崧博出
版：崧燁文化發行，2019.02

面； 公分
POD 版
ISBN 978-957-735-683-3(平裝)

1. 旅館業管理

489.2   108001906

書　　名：酒店業督導技能

作　　者：姜玲 編著

發 行 人：黃振庭

出 版 者：崧博出版事業有限公司

發 行 者：崧燁文化事業有限公司

E - m a i l：sonbookservice@gmail.com

粉 絲 頁：　　　　　網 址：

地　　址：台北市中正區重慶南路一段六十一號八樓 815 室

8F.-815, No.61, Sec. 1, Chongqing S. Rd., Zhongzheng

Dist., Taipei City 100, Taiwan (R.O.C.)

電　　話：(02)2370-3310 傳　真：(02) 2370-3210

總 經 銷：紅螞蟻圖書有限公司

地　　址: 台北市內湖區舊宗路二段 121 巷 19 號

電　　話:02-2795-3656 傳真 :02-2795-4100　　　網址：

印　　刷：京峯彩色印刷有限公司（京峰數位）

定　　價：600 元

發行日期：2019 年 02 月第一版

◎ 本書以 POD 印製發行